JN063299

みんなでアジャイル

変化に対応できる
顧客中心組織のつくりかた

Matt LeMay 著

吉羽 龍太郎、永瀬 美穂、
原田 騎郎、有野 雅士 訳

及川 卓也 まえがき

Agile for Everybody

Creating Fast, Flexible, and Customer-First Organizations

Matt LeMay

Beijing · Boston · Farnham · Sebastopol · Tokyo

日本語版の内容について、株式会社オライリー・ジャパンは最大限の努力をもって正確を期していますが、本書の内容に基づく運用結果について責任を負いかねますので、ご了承ください。

本書への推薦の言葉

本書は、組織の変革を促す上で、文化、コラボレーション、顧客中心主義に焦点を合わせている。組織やリーダーは顧客のこと、もっと良いプロダクトや仕事環境を作るためにどうやってすばやく設計して繰り返していけばよいかを理解したいと思っている。マット・ルメイは、これを実現するためになぜ考え方やワークスタイルを変えるのか、その理由を説明している。本書は、企業文化を改善し、反復的な設計プロセスを採用し、急速に変化する顧客のニーズに対応したいと考えるすべての人が、このプラクティスを活用できることを示している。

ジェシカ・コヴィ
BMWグループ クリエイティブディレクター

アジャイルに興味はあっても、自分のコンテキストで本当にうまくいくか疑問なら、本書がその疑問に答えてくれるはずだ。本書はアジャイルのマインドセットを進化させるのに役立つ明確で簡潔で素晴らしいガイドだ。このマインドセットは、あらゆる種類の知識労働にシームレスに適用できるはずだ。本書でマットは、みんなが優れた革新的な仕事をすばやく届ける手助けをしている。

アンドレア・フライリアー
AgileSherpas 社長兼リードトレーナー

文字どおり、あらゆるものの変化が加速し続けるなかで、実際にアジャイルで「いる」のとアジャイルを「する」ことの理解の差もどんどん大きくなっていく。これは非常に重要なポイントだ。本書は、単にツールやプラクティスだけでなく、アジャイルに対する先入観のない確かな視点を持っている。

アンドリュー・バローズ
IBM アジャイルマーケティングリード

本書が爽快なのは、まさにアジャイルの起源にもなった寛大さの精神を例示している点だ。本書にあるのは、規範ではなく、単純で正直な体験の共有だけだ。マット・ルメイの読者への素晴らしい贈り物は、率直なストーリーテリングの魅力だ。本書を読んで、いくつか具体的にやってみたいことが見つかったし、可能性も感じることができた。最終的には、読者のみなさんも本書を読み終えたときに同じように感じるだろう。

バロン・スチュワーツ
VividCortex 創業者兼CTO

本書は応用学習の傑作だ。マットは本書で、シリコンバレーで長年にわたって使われてきた業界用語を学びやすい言葉に変えた。本書はすべての読者にとって使いやすいプレイブックである。本書は、反復的で顧客中心の視点によって、組織的思考を積極的で問題解決型の思考へと変えたい人にとって、完璧な入門書だ。自分の会社の経営陣にも推薦したいと思う。

ザック・ハリス
Children's Tumor Foundation データ戦略担当シニアディレクター

本書は、成功を正しい視点から捉えるとともに、実際に成功させるための新鮮な
ガイドだ。専門用語を使わずに、チームがどこにいるのかを理解する方法、改善
するためのヒント、なぜそれが重要なのかを説明している。アジャイルが「課さ
れた」プロジェクトがうまくいかなかったのを見たことがあるなら、本書の例は
その理由を理解するのに役立つだろう。すべてのリーダーは本書の知恵を活用で
きるはずだ。それらは、CIO、市長、大小のチーム、警察の指揮官、そしてあ
なたにとっての実践的なヒントになるだろう。本書の教訓は、多国籍企業、政府
機関、スタートアップ、非営利団体、中小企業などさまざまな組織に当てはま
る。本書はみんなを奮い立たせ、アジャイルの価値観のもとで最善の仕事をする
のに役立つはずだ。

アンドリュー・ネバス
ボルチモア市警察 前CIO兼コマンドスタッフ

本書はアジャイルの理論と実践に関する完璧な入門書だ。経営者にとっては、な
ぜあなたが関心を持つべきかについての素晴らしいガイドになる（顧客満足度の
向上、従業員エンゲージメントの向上）。マネージャーにとっては、アジャイル
がどのように機能し、どこでどのようにうまく適用できるかに関する実用的な
ツールとアドバイスを提供してくれる（すばやく成功を達成する、成功の計測、
軌道修正）。

トーマス・スタブス
Coca-Cola Freestyle エンジニアリング・イノベーション担当VP

アジャイルの言語と精神は、昨今のビジネスのいたるところにある。だが、それ
は実際には何を意味しているのだろうか。そして、ソフトウェアを書く方法がほ
ぼあらゆることを成し遂げる方法に変わったことを踏まえて、どう行動できるの
だろうか。マット・ルメイはアジャイルとは何なのか（そして何でないのか）を
明らかにし、本当に価値あるものが何なのかを思い起こさせてくれる。本書はそ
の名のとおりのものだ。

アンドリュー・ブラウ
Deloitte ストラテジックリスク部門マネージングディレクター

アジャイルの導入を成功させるには、運用方法や実行方法を変えるだけでは不十分であり、組織の文化全体を変える必要がある。その文化こそが、最終的に成功、失敗、そしてそのあいだのすべてのエキサイティングな瞬間を生み出すのだ。本書は、アジャイルの価値と原則を組織と個人の仕事にどのように持ち込むかを理解する上で必読だ。本書を読むと、アジャイルの学習はずっと続くものであることがわかる。そして、チーム全体で使っているプラクティスを進化させ続けることにワクワクさせてくれるのだ。

ジャロッド・ディケール
Po.et CEO

ステップ・バイ・ステップのアジャイルコーチング的なものとは違い、本書は、アジャイルとは事前に切りそろえられてパッケージ化されたツールキットではない、ということを私たちに認識させてくれる。マット・ルメイは、アジャイルの価値観を既存の複雑なシステムに組み込む際に遭遇する創造的な課題について説明している。彼は私たちに、アジャイルの専門用語を超えて、文化の変革という本質的な仕事に取り組むよう勧めている。

コートニー・ヘムヒル
Carbon Five パートナー兼テクニカルリード

アジャイルプラクティスはここ数年爆発的な人気だ。だが、インパクトではなくてベロシティに注目するという役に立たないやり方をしていることがとても多い。まるで、目隠しをしたまま速く走るのが良いアイデアかのようにだ。確かに、マットの指摘のとおりスピードは重要だ。だが、重要なのは、開発チームの目から見たスピードではなく、顧客の目で見たスピードだけだ。本書は私たちをアジャイルムーブメントの価値観に立ち返らせてくれるとともに、私たちのチームがそれを実現するための具体的で即効性のあるアドバイスを提供してくれている。正しい問題をうまく解決しようとしているすべての人に本書をお勧めする。

ジェイソン・スタンリー
Element AI デザインリサーチリード

アジャイルについて書かれた本は多数あるが、組織でどうアジャイルをうまく実践するかについて深く掘り下げたものは今までなかった。本書でマットは、昨今のソフトウェア開発チームの取り組みを整理した。本書は、読者のよい近道となる実用的なガイドになっている。

アルフレッド・フエンテス
La Victoria Labs CTO

本書でマットは、企業における現在の組織慣行に対して頻繁に辛辣な質問をするよう要求している。本書は、より良い仕事をしたい、職場でも人生でも、より良い人生を送りたいと思っている人すべての人のための本である。

デビッド・キダー
Bionic 共同創業者兼CEO

まえがき

及川 卓也

この本のまえがきでこんなことを言い出すとびっくりされるかもしれないが、実は私はアジャイル推進論者ではない。

ウェブサービスやスマートフォンアプリケーションなどに対して、小さい改善を繰り返すことで、使われるプロダクトを作り上げていく、いわゆるモダンなソフトウェア開発において、アジャイルが生み出した様々な手法を使わないということは昨今ではまずありえない。継続的なインテグレーションやテスト駆動開発など、ソフトウェア工学の観点からもその意義は確認されており、コンシューマー向けのプロダクトだけでなく、エンタープライズアプリケーションや業務システムにおいても幅広く活用できる。

その価値は認めつつも、なぜ私が積極的に推進できないのかというと、アジャイル手法導入が目的化してしまっている組織を多く見てきたからだ。「うちもアジャイルを入れました」とか、「自社の開発をてこ入れするために、アジャイルを学ばせています」などと言う企業の方々とお話させていただくこともある。しかしながら、その方々の作り出すプロダクトやシステムがあまり成功しているように思えない。

そのような事例を多く見るにつけ、私はまるでアンチアジャイルかのように、「アジャイルは銀の弾丸でも魔法の杖でもない」と注意喚起するようになった。

何を言わんとしているかというと、アジャイル手法はあくまでも「型」であり、その「型」を学ぶだけでは、真の目的は達せられないということだ。

スポーツにはそれぞれ型（フォーム）がある。野球でもサッカーでもそうだ。日本古来の武道も同じだろう。球を投げたり、受け取ったり、蹴ったりする。どんなスポーツでも初学者はまず基本の型を習う。しかし、型を身につけるだけでは実践は不可能だ。型どおりに動くためには必要な筋肉を身につけねばならないし、どうしてそのような型になっているかの理解も必要だ。

少し前にスイミングのパーソナルコーチについてもらったことがあるのだが、そのコーチはプールに入る前に1時間ほど座学で、なぜ、人は水に浮くのか、どのようなフォームをとることが浮力を最大に活かした形で、水の中で進むことができるのかを教える人だった。

型には、その型になっている理由があり、その型どおりに動くためには、必要な筋肉をつけなければならない。これがスポーツの世界の真実だ。

アジャイル手法を「型」とするならば、世には型を真似するだけで、そのスポーツをマスターした気になっている人が多くないだろうか。これが私に「アジャイル万歳！」と言うのをためらわせている理由だ。

他のたとえで言うならば、Adobe Illustratorの使い方をマスターしただけでデザインをマスターしたことにならないのと同じだ。

そんなモヤモヤを吹き飛ばしてくれるのが本書だ。

まず、本書では、アジャイルを「手法としてのアジャイル」と、「マインドセットとしてのアジャイル」に分類する。私が違和感を感じていた「手法としてのアジャイル」は筆者も違和感を感じていたようだ。「苛立つ」と厳しい表現を使って糾弾している。一方、考え方としてのアジャイルである「マインドセットとしてのアジャイル」は実践に乏しく、筆者も「責任逃れ」の材料にされてしまうことを危惧する。

筆者はここで両者を連携させる「ムーブメントとしてのアジャイル」を提唱す

る。このムーブメントとしてのアジャイルは、まさに型とその型がある理由、そしてその型どおりに動かすために必要な筋肉の付け方までを考える、スポーツの実践と同じだ。本書はこのムーブメントとしてのアジャイルを実践するための情報が、様々な側面から語られている。1つ1つを自らの知恵に昇華させるつもりで読んでいけば、きっと皆さんの組織でもムーブメントを起こせるだろう。

　ムーブメントとしてのアジャイルを実践しようとする皆さんは型としてだけのアジャイルを売り込む人たちに気をつける必要がある。彼らはアジャイルだけではない。リーン開発やデザイン思考、DevOpsなどをセットで売り込んでくる。これらは不確かな現代社会において、仮説検証を繰り返すことで、本当に使われるものを作り上げるための手法だ。

　私はこれらを用いるフェーズの違いとして捉えていた。リーン開発やデザイン思考は事業企画フェーズ、アジャイルは設計から実装を経てのリリースまでのフェーズ、DevOpsは実装後期から運用のフェーズ。もちろんオーバーラップする時期もあるが、大きく分けるとこのようなフェーズごとのアプローチと解釈できよう。

　本書では、これらに別の解釈も加える。リーン開発は効率性（投資効果の最大化）を目的とし、アジャイルは迅速性を高めることを目的とし、デザイン思考はユーザービリティ（使い勝手）を目的とする、と筆者は定義する。

　いずれも顧客への価値を最大化するためのものだ。厳密には、これらは手法としては、筆者の言うように目的が異なるかもしれないし、私が言うように適用フェーズが異なるかもしれない。しかし、重要なのは手法の違いではなく、本質の理解と追求だ。本書でも、IBMの技術理事がそれらの違いは用語の違いに過ぎないと話しているというエピソードが紹介されている。

　型、すなわちフレームワークはある意味適用しやすい。決められたとおり、言われたとおりに行動すれば良いだけだからだ。特に、日本人は真面目なので、指示されたことを繰り返すのには長けている。それは日本人の長所であると同

時に、思考停止の原因の1つでもある。本書でもフレームワークの罠にはまらないようにすることが語られているが、本質への理解、それを忘れないようにしたい。

　本書はある意味、本質の追求方法を解説した本でもあろう。私も普段から、手段と目的の混同を避けるようにしている。そんな私が対話時に意識的に用いる質問がある。それが「定義は？」という質問だ。何か言われたときに、その意味をなんとなくわかっていたとしても、あえて「定義は？」と聞いてみる。その繰り返しにより、妥協なく、本質を理解しようとする組織が出来上がる。

　本書を手に取った皆さんには、是非とも、「あなたにとってのアジャイルの定義は？」と自らに問い続けながら、最後まで読み進めて欲しい。きっと読み終えるころには、あなたの組織はムーブメントとしてのアジャイルを実践できるようになっていることだろう。

はじめに

アジャイルとの出会い：
「倍の仕事を半分の時間で」

> これから私たちはアジャイルプロセスに取り組むことになった。そうす
> れば倍の仕事を半分の時間でこなせるようになるんだ。

アジャイルを初めて耳にしたのは、そんな言葉だった。それに疑問を持つこ
ともなかった。私はそこそこの大きさの会社のプロダクトマネージャーだった。
その会社の次年度計画を共有するための全社会議で、経営チームがそう発表し
たのだ。アジャイルというのが**固有名詞**の「アジャイル」なのか、すばやく仕事
を進めるという話なのかはよくわからなかったが、いずれにしても良さそうなア
イデアだった。当時、私のチームでは新しいプロダクトのリリースにかなり時間
がかかっていた。上層部の人事異動のせいで、何を実行するかの明確なビジョ
ンがなくなってしまったのが大きな要因だった。「アジャイル」ならなんとかな
るのか？　そう思って、自分の机に戻って「アジャイルプロセス」という単語で検
索してみた。Wikipediaにはこうあった。

アジャイルソフトウェア開発とは反復的かつ漸進的なソフトウェア開発手法の総称である。要求やソリューションは自己組織化した機能横断チームのコラボレーションによって生まれる。適応型の計画、創発的な開発とデリバリー、タイムボックスによる反復的なアプローチを促進し、変化に対してすばやく柔軟に対応することを是とする。開発サイクル全体を通して予測可能な相互作用を促す概念的なフレームワークである。2001 年に提唱されたアジャイルソフトウェア開発宣言のなかで、この単語が定義された。

この説明を読んでいて、自分は深く考えていなかったのではないかという気がした。この段落は濃密で、そこに含まれている「自己組織化」、「創発的な開発」、「変化に対してすばやく柔軟に対応」という概念はどれも間違いなく**良いもの**に思えた。だが自分には、**何をすればよいか**全然わからなかった。「タイムボックスによる反復的なアプローチ」とはいったい何だろうか。これらのどれかによって、どうやって半分の時間で倍できるようになるのだろうか。

自分が何を期待されているかわからなかったので、自分のチームの経験豊富な開発者とデザイナーに助けとアドバイスを求めた。彼らの説明によると、アジャイルは大体似たような考え方だが、細部では違いがある一連のアプローチを説明するのに使う単語だということだった。これらのアプローチのなかでいちばん人気があるのが**スクラム**と呼ばれるものだった。同僚が数冊の本と記事を勧めてくれたので、このスクラムなるものが何であるか、それが私のチームが速くて効率的になる上でどう役立つのかを学び始めた。

私は週末を使って電子書籍やブログ記事を読んだ。そして、スクラムを実践するのに不可欠と思われるいくつかの戦術的なステップを学ぶことができた。まず、作業をスプリントと呼ばれる 2 週間の期間に分割する。各スプリントの最後までに実際に何かを完成させて、ユーザーにリリースできるようにする。スプリント期間中は毎日**デイリースタンドアップ**もしくは**デイリースクラム**をする。この会議では、チームのそれぞれのメンバーが終わらせたこと、取り組

んでいること、進ちょくを妨げる可能性があることを共有する。

　私は同僚に、勧めてくれた本や記事を読んだこと、そして私たちの仕事のやり方に刺激的な変更をいくつか加える準備ができたことを報告した。2週間ごとに実際に何かを完成させるという考えは生産性と士気の両方を確実に向上させるだろうと思えたし、毎朝対面での時間を過ごせばチームのコミュニケーションが改善されるとも思った。経験豊富な同僚たちは、親切そうに、そしてわかっているよといった表情を交わしていた。「いいよ。試してみよう！」と彼らは言った。

　私の純粋な熱意が必ずしも共有されなかった理由を理解するのに時間はかからなかった。私たちが新しいアジャイルプロセスを始めるとすぐ、最初に「アジャイル」を売り込んできた経営陣によってアジャイルプロセスが弱体化してしまった。私たちは2週間スプリントで作業の計画を立てるようにしたが、スプリントはトップダウンの新しい要求と優先順位変更によっていつも脱線したのだ。ある幹部が私のチームのメンバーにメールを送り、スプリント期間中に何か別のことに取り組んでほしいと頼んだこともあった。しかも、それをチームのほかのメンバーには言わずにやってくれと言うのだ。以前私たちの仕事を妨げていたすべての機能不全と不和はそのまま残っていた。私たちにはスピードもなければ効率もなかった。

　それでも、一部では明らかに違いがあった。コソコソしたこざかしいやり方をされたものの、私たちのプロセス変更によって、組織に関して今まで見えなかったことを知るのに役立った。2週間サイクルで成果物に優先順位をつけてコミットすることで、プロダクトの上位のビジョンがどれだけ矛盾した指示に振り回されているかが明らかになった。毎朝チェックインすることで、私たちが共有しているミッションやゴールからチームの個々のメンバーがどれだけ切り離されているかがはっきりした。私たちを悩ませる組織の機能不全というポルターガイストたちが、突然形となってコーヒー片手に私たちのチームの会議に姿を現したかのようだった。

これらの機能不全が明るみに出たことで、私たちのチームは、実際にそれら
に対処するために、困難ながらも必要なステップを踏むことができた。以前は
プロダクトの品質に影響を及ぼしていたチームメンバー同士の意見の相違は、
デイリースタンドアップで明らかになり、その後の短いフォローアップの会話で
解決できた。たった2週間なのに途中で方針が劇的に変わってしまうようなら、
2倍の速度だろうが半分の速度だろうが何も得られない。土壇場での経営陣に
よる変更を押し返すためには、私はリスクを背負ってでもそのように指摘しな
ければいけないと思った。かつて権力は策略や工作によって行使されていたが、
それが明確で合意にもとづく運用手順に違反しているのが明らかになったのだ。
要するに、経営陣が持ち込んだ銀の弾丸はどちらかといえばトロイの木馬だっ
た。

アジャイルの魔法：
原則とプラクティスを組み合わせる

初めてのアジャイルのあと、大きな発見をした気がした。アジャイルは単に
プロセスやツールについてではなく、人や文化についてのものだということだ。
私たちの戦術面での変更は計画どおりには進まなかった。だが、チームとして
団結し、組織が直面している課題を理解するのには役立った。私はこれに刺激
を受けて、アジャイルムーブメントの歴史をもう少し深く掘り下げ始めた。そ
の歴史については**1章**で紹介しよう。自分の大きな発見が大した発見ではない
ことに気づくのに時間はかからなかった。結局のところ、人と文化はずっとア
ジャイルムーブメントの中心にあったのだ。

この知識がアジャイルに対する私のアプローチを劇的に変えた。アジャイル
ムーブメントの人間的な価値と原則は、「本に書かれた」プラクティスが私たち
には役に立たないかもしれないようなときでも、私たちチームが追い続ける北
極星を提供してくれた。この北極星は特別な価値があった。世間には異なる

ことを言っている本がたくさんあるからだ。一見矛盾しているように見えるアジャイルへのアプローチのどれが「適切」なのかを決めなければいけない。そう思い込んで動けなくなるのではなく、「アジャイルの価値と原則を体現するにあたって、さまざまなアプローチから何を引き出せるか？」と自問することができたのだ。

実際、アジャイルの本当に強力な点は、具体的で実行可能なプラクティスを提供していることだけでも、人を活気づけるような原則によって導かれていることだけでもなく、必然的にそれら両方を含んでいることなのだ。アジャイルは私たちの理想と行動を互いに密にし続けることを要求する。そのため、私たちが何らかの行動をするときには、なぜ個人、チーム、組織としてその行動をするのかを自問するよう求めるのだ。

アジャイルを簡単に運用上の利益が得られる万能のチケットだと考える人は、このことに驚き、扱いに困ることが多い。私たちが少ない時間で多くの仕事をしたいと思ってアジャイルにアプローチしていたときでさえ、多くのエネルギー、オープンさ、困難な質問に正直に答えることへの意欲などを発揮しなければいけないことが多々あったのだ。アジャイルの名前が示すように、私たちは自分たちの思い込みを打破して考えを変えたいと思っているが、これは簡単なことではないのだ。

私がアジャイルを導入してから10年ほどのあいだに、数十の異なる組織で同じような話が繰り返されているのを見てきた。かつて私は金融サービス組織のプロダクトエンジニアリングチームと仕事をしたことがあった。彼らは急速に変化する世界にうまく対応したいと思ってアジャイルを採用した。だが、チームが気づいたのは、当初リーダーや業界のせいにしていた組織の硬直は、主に彼ら自身の変化に対する恐怖の結果であるということだった。フォーチュン500に入っている消費財の会社のマーケティングチームと一緒に仕事をしたこともあった。その会社は最先端のテクノロジー企業のように働きたいと思ってアジャイルを採用した。そして、その会社のR&D部門がしている先進的な仕事にはまったく気づいていなかったことがわかった。私はアジャイルを経験するこ

とで、本当のアジャイルの信奉者になった。だがそれは、アジャイルが現代の組織が直面するすべての問題に対する単一のソリューションであるという意味ではない。アジャイルがチームや組織が直面している具体的な問題を理解し対処するのに役立つという意味だ。

なぜみんなでアジャイルなのか？

2011 年のウォール・ストリート・ジャーナルの論説で、ベンチャーキャピタリストのマーク・アンダーセンが「ソフトウェアが世界を飲み込んでいる」と提起したのは有名な話だ。現代のソフトウェア開発チームの多くがアジャイルの原則やプラクティスを活用しているのは、それほど驚くことでもない。「アジャイルマーケティング」、「アジャイルセールス」、「アジャイルリーダーシップ」といった単語で検索すれば、アジャイルの原則やプラクティスをビジネス側の幅広い活動にどう適用していくかを説明した記事、本、ブログが大量に見つかる。ソフトウェア開発というハイテクの世界と結び付いたこともあり、「アジャイル」はあらゆる最先端のビジネス活動の名前の前に付けられる一般的な単語となった。これはあたかも、1990 年代後半から 2000 年代前半に、頭に「デジタル」と付いたものが大量にあったのと同じだ。

理論的には、アジャイルの中心となるアイデアをソフトウェア開発以外にも拡げるという考えは、次のステップとして合理的のように思える。**1 章**で議論するように、アジャイルムーブメントの創始者たちは、彼らが支持する価値と原則が、プロダクトエンジニアリングチームを超えて、現代の組織全体に関係があり適用可能だと思っていた。うまくいけば、これらの価値と原則は、機能別となったサイロを壊し、コラボレーションと顧客中心の仕事を軸にして組織を統合できるような共通言語を提供する。

だが実際には、アジャイルがほかのビジネス分野にまで入り込んでいくと、組織のサイロを壊すのではなく、むしろサイロを強化するリスクがある。ビジネスの各領域には、それぞれ固有の専門用語、固有のツール、固有のフレーム

ワークと手法がある。たとえば、「アジャイルソフトウェア開発」、「アジャイルセールス」、「アジャイルマーケティング」をそれぞれの仕事に特化した戦術や手法の集合として扱ってしまうと、顧客のニーズを満たすために一緒に働くという重要な機会を逃すことになる。言い換えれば、私たちはアジャイルムーブメントの共通の価値観を中心としてさまざまな仕事を統合するのではなく、Xという仕事とYという仕事の違いを強調して増幅させるような「Xのためのアジャイル」と「Yのためのアジャイル」なるものを作り出してしまうリスクがあるのだ。

そこでみんなでアジャイルだ。本書での私のゴールは2つの質問に答えることだ。1つは、アジャイルの根底にある原則を、役割や職能をまたいで各個人が等しくアクセス可能な教育的な方法で広めていくにはどうすればよいか。もう1つは、その原則を実践する上で日々の仕事のなかで実際に何ができるのかである。

私のコンサルタントやトレーナーとしての経験上、これらの質問は小さなスタートアップのプロダクトエンジニアリングチームにとってもフォーチュン500企業のマーケティングインサイトチームにとっても同じくらい重要だ。それぞれのチームがアジャイルの価値と原則を体現する際の具体的なアプローチは、必然的にまったく異なるものとなる。だが、価値と原則から始めることで、職能、肩書き、さらには組織を超えて共有される共通言語とビジョンが生まれる。その共通言語とビジョンこそが、アジャイルを私たちのすべての貢献と視点が価値を持つような幅広い包括的な活動へと変える。そして、本に書いてあるとおりにアジャイルをやっても望んだ方向には進まないとわかったときに、そこまでかけた労力を諦める貴重な理由を与えてくれるのだ。

そのため本書全体を通して、**アジャイル**という言葉は、アジャイルムーブメントに関連しているプラクティス、原則、価値観の全体的な集合を指すために使っている。本書で説明しているプラクティスの多くは、個別のアジャイルソフトウェア開発手法に由来しているが、さまざまな呼び名を一般化したものになっている。アジャイルムーブメントをプロダクトエンジニアリングチームの枠を超えたものにするには、「実際には……」というアプローチ（たとえば、「これ

は実際にはAというアジャイル手法の一部であり、Bのものではない」）よりも、
「それも！」というアプローチ（たとえば、「それもアジャイルの価値観を体現す
るために私たちができることだ！」）のほうがずっと実践的であることがわかっ
た。結局、私たちのゴールは私たちの働き方を改善すること、つまり理論に関
する議論よりも実際の行動を優先させることなのだ。

本書の対象読者

　本書は、顧客中心主義、コラボレーション、変化に対してオープンであるこ
とが現代の組織の中心にあるべきだと信じる人のためのものだ。

　アジャイルソフトウェア開発宣言の署名者の1人の言葉によると、アジャイ
ルムーブメントは「相互の信頼と尊敬にもとづく価値観の集合であり、人を中心
とした組織モデルの推進、コラボレーション、そして働きたいと思えるような
組織的なコミュニティの構築である」という考えにもとづいていた。これらの価
値観とそれを実現するプラクティスは、組織の階層、サイロ、機械的で制限の
多いプロセスに苦しんでいる組織に対して、待ち望んできた道筋を提供できる
はずだ。

　本書は、「アジャイルとは何なのか」、「なぜアジャイルなのか」、「アジャイ
ルをどうやるのか」についての包括的で実践的な概要を伝えるのを目的にして
いる。本書で説明する原則、プラクティス、成功のシグナルは、個人が役割、
チーム、職能を越えて組織に最高のアジャイルをもたらすのに活用できるはず
だ。「このアジャイルというのが私たちを速くて革新的な組織にしてくれると聞
いたのだが……」と役員から言われたときに渡したいと思っていた本であり、「ソ
フトウェアを作っているわけではないので、アジャイルがどう機能するかわか
らないんだけど……」とマーケティングやセールス、コンサルティングの人に言
われたときに渡したいと思う本でもある。

　特に組織のリーダーには、本書によって、アジャイルの原則を本当の意味で
受け入れるために必要な誠実さ、内省、努力が伝わることを願っている。経験

豊富なアジャイル実践者であるレーン・ゴールドストーンは、本書のために私がインタビューした多くの人のうちの1人だ。彼女は、「この本を読んで、たった1人の経営者でも、アジャイルの導入を思慮深く人間的に進められたなら、それは成功でしょう」と言ってくれた。

どうやって本書を書いたか

　本書は、多くの企業や業界にいるさまざまな役割のアジャイル実践者との会話から始まった。製造業、非営利部門、マーケティング部門、販売部門で働いていた人もいた。多国籍企業のVPや経営幹部もいたし、独立した実務家やコンサルタントもいた。正式なトレーニングを受けたスクラムマスターやアジャイルコーチがいた一方で、自分たちの仕事が特に「アジャイル」だと思ったことがない人もいた。みんな、自分たちの現実世界での経験（良い経験、悪い経験、醜い経験）を共有し、自分たちが取ってきたアプローチの力と限界を率直に語ってくれた。

　話をした人たちの多くは、彼らの成功したアジャイルの経験が、複数のツールセット、フレームワーク、手法からアイデアやプラクティスを引き出すこととどう関係していたのかを説明してくれた。そして、話をした人たちのなかには、アジャイルに対する最善もしくはいちばん正しいアプローチを理解していると言う人は誰もいなかった。現実世界の組織で働いている人たちには、独善的な確信を持つような余裕はない。彼らには、構築すべきプロダクト、立ち上げなければいけないキャンペーン、そして仲良くやっていかなければいけない人たちがいるのだ。つまり、本書全体に散りばめたアジャイル実践者の話は、チームや組織がアジャイルの原則やプラクティスにアプローチするための「最善」の方法を集めた規範集ではない。そうではなく、職能や業界を越えた人たちが、特定のチームや組織や顧客のニーズを満たすためにアジャイルの原則やプラクティスをどう利用しているかを示す現実的な例を紹介している。本書があなたの代わりに仕事をするわけではない。だが、本書はあなたがしなければいけな

い仕事を理解するのに役立つはずだ。

本書の構成

　本書は、意味があって持続可能で未来にも通用する形でアジャイルの原則と
プラクティスにアプローチするのに必要な原材料を提供するのを目的にしてい
る。そのためには、そもそも**なぜ**アジャイルに移行しようとしているのか、ア
ジャイルの原則を**どのように**実践に移すのか、同僚や顧客に**どのような**現実的
な成果をもたらすのかを明確にする必要がある。これによって**図1**に示すよう
な持続可能な自己強化ループが形成される。

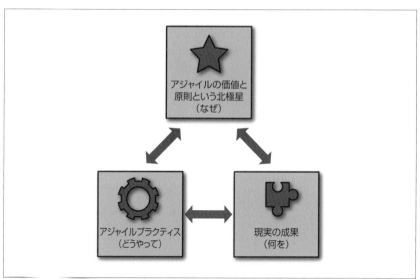

図1　　原則、プラクティス、現実での成果を同期させる。

　何よりもまず、意味のあるアジャイルの実践は、組織やチームがなぜ働き方
を変えようとしているのかを明確に理解することから始めなければいけない。
あなたの「なぜ」を表すアジャイルの価値と原則の北極星を探すには、**2章**で説

明するように2つのステップで進める。最初に組織やチームのゴールを明確にする。そして、そのゴールを踏まえて、状況にあったやり方で、アジャイルの根底にある原則を明確にするのだ。

自分の「なぜ」を見つけたら、チームや組織の働き方を変えるために使う具体的なアジャイルプラクティスの特定を始めよう。**6章**で議論するように、プラクティスを実際に実行するには、すべての人に同時に新しい働き方を「押し付ける」のではなく、小規模から始めてチームや職能が自分で選べるようにする必要がある。

最後に、選択したアジャイルプラクティスが同僚や顧客に対して生み出している現実の成果に細心の注意を払う必要がある。注意してほしいのは、私がいう「何を」は「どんなアジャイルプラクティスを実践するか」という話ではない。「プラクティスを実践し、原則に従うと実際にどんなことが起こるのか」という話だ。これは、アジャイルプラクティスの採用と、同僚や顧客のために達成したい成果とを混同しないようにするためだ。

これら3つの要素はフィードバックループを形成する。市場、顧客、組織構造が変化するなかで、アジャイルの旅を続けて適応していくのにそのフィードバックループが役に立つ。もし自分たちがアジャイルの価値と原則の北極星（なぜ）に従っていないと感じたら、それらの価値と原則が有効に働くように選んだプラクティス（どうやって）を再評価すればよい。選択したプラクティスによって、同僚の体験が改善されず、顧客にとって高品質な成果（何を）にもつながっていないと感じた場合は、北極星（なぜ）を再評価する。その北極星が、組織、市場、顧客に対する理解を反映しているか確認するのだ。

アジャイルの原則（なぜ）

アジャイルの旅を成功させる第一歩は、そもそも**なぜ**仕事のやり方を変えたいのかを理解することだ。**2章**では、個別のゴールを理解するためのステップを詳しく見ていく。そして、組織やチームを導くアジャイルの価値と原則を明確

にする上で、そのゴールをどう使うのかもあわせて見ていく。本書では、「価値」と「原則」の違いは純粋に意味論的なものである。価値観の表明（「XをYよりも高く評価する」）、原則の表明（「私たちはX、Y、Zだと信じている」）、またはその両方の組み合わせが、意味のある実質的なガイダンスを提供するのだ。

3章から**6章**は、アジャイルの3つの原則を中心に構成している。

- 顧客から始めるのがアジャイル。
- 早期から頻繁にコラボレーションするのがアジャイル。
- 不確実性を計画するのがアジャイル。

私は、アジャイルの根底にあるアイデアのなかから、職能、業界、組織に関係なく重要なものを抽出して統合したいと考えた。これら3つの原則はその取り組みから生まれたものだ。このアプローチは、アジャイルムーブメントを始めた1人であるアリスター・コーバーンに触発されたものだ。彼はアジャイルの原則とプラクティスを専門用語を使わず明快な形で「The Heart of Agile（アジャイルの心）」にまとめた。それには、「コラボレーション」、「デリバリー」、「リフレクション」、「改善」が含まれていた。

アジャイルからシンプルな標語を抽出することで、どんな職能や業界のチームでも、自分たちの仕事の現実に適応し、ポジティブな変化の余地を作れるようになる。たとえば、マーケティングチームは、「私たちは早い段階から頻繁にコラボレーションしているか？」と自問して、プロダクトの担当者と密接に働くための新しい機会を見つけることができる。セールスチームは、目標を達成できないと思われる状況で、さまざまなシナリオを使って軌道修正する方法を検討するために「不確実性を想定しているか？」と自問することもできる。これらの標語自体は、絶対的で規範的な解決策を提供するものではないが、インパクトがあって達成可能な解決策へと導くのに役立つだろう。

アジャイルプラクティスで成果を出す（どうやって）

　3章から**6**章では、チームやさまざまな役割を担う個人（セールス、マーケティング、役員など）が、アジャイルの原則を実践するステップの例を紹介する。アジャイルプラクティスの導入として軽量でやりやすいものを選んでおり、過度のコミットメントや賛同がなくても進められるものだ。これらの活動はうまくいかなかったときに簡単に元に戻せる小さな実験だと考えるとよいだろう。つまり「しばらくやってみてどうなるか見てみよう。最悪の場合は前と同じやり方に戻せばよいだけだ」と言えるのだ。

　これらの**4**つの章では、チームや組織が原則を日々の仕事の一部にしていく具体的な方法を提供してくれる一般的なアジャイルプラクティスについて掘り下げていく。そのゴールは**2**つある。**1**つは、アジャイルの原則を実現してそれを強化していくためにプラクティスをどう使うかを理解できるようにすること。もう**1**つは、ただプラクティスを取り入れるだけでは原則の実現と強化の役に立たない、という状況を見分けられるようにすることである。

　もちろん、正式なアジャイル手法には**4**つ以上のプラクティスが含まれており、それ以外にも無数のプラクティスがある。そういったプラクティスについてさらに知りたければ、アジャイルアライアンスが提供するアジャイル手法とプラクティスのサブウェイマップ[1]を調べてみることを強くお勧めする。

成功の兆候と注意すべき兆候（何を）

　アジャイルプラクティスの現実世界でのやり方は、紙の上でのやり方とは違ったやり方になるのが常だ。プラクティスを実践する際には、組織や顧客で実際に起こっていることに対してうまく適応していることが重要だ。組織ごと

---

[1]　訳注：https://www.agilealliance.org/agile101/subway-map-to-agile-practices/

にアジャイルの旅は異なる。だが、成功の兆候や注意すべき兆候には、組織に
関係ないものがいくつかある。これらについては、**3章**から**6章**の各章の一節「良
い方向に進んでいる兆候」と「悪い方向に進んでいる兆候」でまとめている。「良
い方向に進んでいる兆候」には、勢いを維持するためのヒントやアドバイスが含
まれている。「悪い方向に進んでいる兆候」には、軌道修正のためのヒントやア
ドバイスが含まれている。

アジャイルプレイブック

　最後の**7章**では、それまで紹介した原則とプラクティスを組み合わせて、自
分のチームのための「アジャイルプレイブック」を作成する。これはアジャイル
コーチのやり方と似た演習で、すべての読者にこれを完成させるよう強くお勧
めしたい。それを通じて、チームで話し合う必要のある難しい問題があること
や、仕事のやり方を少し変えるだけで大きな影響が出ることに気づけるだろう。

お問い合わせ

　本書に関する意見、質問等は、オライリー・ジャパンまでお寄せいただきた
い。

　　株式会社オライリー・ジャパン
　　電子メール　japan@oreilly.co.jp

　この本のWebページには、正誤表やコード例などの追加情報を掲載してい
る。

　　https://www.oreilly.co.jp/books/9784873119090（和書）
　　http://shop.oreilly.com/product/0636920146377.do（原書）

オライリーに関するその他の情報については、次のオライリーのウェブサイトを参照いただきたい。

https://www.oreilly.co.jp

謝辞

アジャイルムーブメントの一般的な原則に賛同するのは簡単だが、実際にそれに従うのは信じられないほど難しい。本書の執筆中、私は「アジャイル」チームや組織に対して指摘してきたふるまいそのものを自分がやっていることに気づいた。書きかけの原稿を共有するのをためらった。適切な印象を与えないのではないかと恐れたのだ。自分の信念や考えを複雑にするような新しい情報にも抵抗した。そして、新しい情報のせいで内容の書き直しが必要になったときには、それによって本書が良くなるとわかっていても、苛立ちを覚えた。

つまり本書の執筆プロセスは、私自身のアジャイルの旅でもあったのだ。時間を割いてさまざまな形でインプットやフィードバックをくれたすべての人に深く感謝したい。本書のストーリーや意見は公私両面において刺激的で有益なものだ。それをここで共有できることを本当に名誉に思っている。

妻のジョアンにも深く感謝している。私が見えていないものがあればいつも勇敢かつ寛大な形で伝えてくれた。私の母キャロルにも感謝したい。生まれながらのプロのコミュニケーターで、本書の概念の多くについて抽出と明確化を助けてくれた。これらの概念の多くは、Sudden Compassのビジネスパートナーであるトリシャ・ワンとサニー・ベイツとの仕事から直接生まれたものだ。2人のサポートとパートナーシップは私にとって世界を意味する。

本書を世に送り出し、トレーニングやビデオを通じて内容を実地で試す機会を与えてくれたオライリー・メディアのみなさんに深く感謝する。レーン・ゴー

ルドストーン、コートニー・ヘムヒルと Balanced Team NY コミュニティ[†2]にも感謝したい。彼らは本書のアイデアのいくつかを経験豊富な実践者とテストする機会を与えてくれた。イラストを書いてくれたアミー・マーチンにも感謝したい。本書のイラストではアジャイルの人間的な側面を完璧に捉えてくれた。ほかの素晴らしい作品はウェブサイト（http://www.amymartinillustration.com/）で見てほしい。「アジャイル」と呼ぶかどうかに関係なく、現状維持からの脱却に挑戦し、新しいより良い働き方を模索する勇気のあるすべての人に本書を捧げる。

[†2]　訳注：https://www.meetup.com/balancedteam-NY/

目次

1章
「アジャイル」とは何か？ なぜ重要なのか？

1.1　ムーブメントとしてのアジャイルを理解する

2001年の2月11日から13日、ユタ州のワサッチ山脈にあるスキーリゾートのロッジ・アット・スノーバードに17人が集まり、共に話し合い、スキーをし、リラックスをし、もちろん食事をし、そして合意点を見つけようとしていた。

アジャイルムーブメントの物語（https://bit.ly/2DX9x8v）はここから始まる。そう語るのは発起人の1人であるジム・ハイスミスだ。

この記述の謙虚さと人間らしさについては考えてみる価値がある。アジャイルムーブメントは本の売り上げを伸ばそうとかコンサルティングの時間を延ばそうという野心から生まれたわけではない。いちばんうまくいったやり方に命を吹き込むという信念から生まれたのだ。つまり人が団結し、各自の方式に含まれる戦術的な違いを超えて、合意点を見つけようとしたとき、素晴らしいことが起こり得るのだ。

スノーバードに集まった17人は、これまで10年、このようなコラボレーションをソフトウェア開発者としての日々の仕事に持ち込む方法を模索していた。何人かは、日常的な会話の機会を増やすために「デイリースタンドアップ」を始めていた。何人かは、知識の伝達を最大化し、今までにない解決策を見つけるために、ペアで働くことを奨励していた。何人かは、与えられたチームにおける特定の個人のニーズに合わせて、組織のプロセスそのものを「ぴったりフィット」できるのではないかと、その方法に注目していた。

スノーバードサミットが行われる頃には、こういったプラクティスは完全な形の手法に進化しており、スクラムやエクストリームプログラミング、クリスタルといった名前がつけられていた。だがスノーバードに集まった人たちは、どの手法がいちばんか論争することに興味はなかった。そうではなく、自ら称する

ところの無組織主義者である 17 人は、個々のプラクティスやフレームワークや手法の根底にある共通のテーマや価値観、原則といったものを見つけられるかどうかを確かめたかったのだ。誰にとっても容易い仕事ではなかった。

みんなが驚いたのは、そもそもサミットをどこで開催するかを決めることよりも、共通の価値観を決めることのほうがスムーズだったことだ。この集まりで彼らはある言葉に合意した。この言葉はそれぞれの方式をつなぎ合わせ統一するものだった。アジャイルだ。そして自分たちの共有する価値観をアジャイルソフトウェア開発宣言と呼ばれるドキュメントに記したのだ。

これがアジャイルソフトウェア開発宣言の全文だ。

> 私たちは、ソフトウェア開発の実践あるいは実践を手助けする活動を通じて、よりよい開発方法を見つけだそうとしている。
> この活動を通して、私たちは以下の価値に至った。
>
> プロセスやツールよりも**個人と対話**を、
> 包括的なドキュメントよりも**動くソフトウェア**を、
> 契約交渉よりも**顧客との協調**を、
> 計画に従うことよりも**変化への対応**を、
> 価値とする。
>
> すなわち、左記のことがらに価値があることを認めながらも、私たちは
> 右記のことがらにより価値をおく。

これだけ。たった 208 文字だ[†1]。どの言葉も、特定のプラクティスやツールや手法のことを言っているわけではない、というのが重要だ。**ツールは人間よりも明らかに価値が低い**というだけだ。ハイスミスによれば、これは偶然ではない。

---

†1 訳注：英文だと 68 ワード。

　根本的に私は、アジャイル手法論者は本当に「ドロドロした」ものを目指していると信じている。「私たちにとっていちばん重要な財産は人である」、と語るだけでなく、実際に人がいちばん重要であるかのように「行動」し、「リソース」という言葉のない環境で仕事をすることで顧客によいプロダクトを届けることを目指していると信じている。要するに、急激な関心の高まりのなかで、ときには激しい批判を受けつつも、アジャイル手法は価値観と文化がドロドロに混ざりあったものを目指しているのだ。

　アジャイルの本質と歴史のどちらにおいても、アジャイルムーブメントの中心にあるのは、確かな手法と「ドロドロした」価値観は切っても切れないし切るべきではないという信念だ。手法というものは文化と価値観によって駆動されるべきで、文化と価値観は具体的な実践を通じて成り立たせなければいけない。

　そのため私は、アジャイルが単に「手法」と呼ばれているのを聞くたびに少し苛立つ。そう、たくさんの手法があるのだ。前述したスクラムやエクストリームプログラミング、クリスタルもそうだし、最近開発されたSAFeやLeSSもそうだ。アジャイルの価値観を実践に移すための青写真を提供してくれる手法は多い。だが、アジャイルを**プロセスやツール**として定義することがなぜ的外れなのか、それを理解するためにアジャイルソフトウェア開発宣言の208文字をそこまで目を凝らして見る必要はない。

　私は、アジャイルは「マインドセット」だとも聞いていた。アジャイルが思考の大きな転換を必要とするということには同意するが、それを「マインドセット」と表現すると簡単に責任逃れができてしまう気がするようにも思う。アジャイルな**考え方**だけでは不十分だし、「まあ、私はアジャイル的なものを全部理解しているけれど、一緒に働く人たちはこの新しいマインドセットを受け入れていない。なので私たちにできることは何もないね！」と言える余地を非常に多く残してしまう。**表1-1**で、アジャイルの方式を比較した。アジャイルをムーブメントと捉えることが、手法とマインドセットの両方を変化させ、2つの側面をシ

ンクロさせ続けることを示している。

表1-1　手法、マインドセット、ムーブメントとしてのアジャイル

手法としてのアジャイル	マインドセットとしての アジャイル	ムーブメントとしての アジャイル
マインドセットよりプラクティスが重視される。	プラクティスよりマインドセットが重視される。	マインドセットとプラクティスは容赦なくつながっている。
アジャイルのプラクティスと方法はすでに他人が決めたものである。	アジャイルの価値と原則はすでに他人が決めたものである。	アジャイルの原則とプラクティスをどのように明確にし、自分のチームや組織に適用するかを決定する上で、自分には積極的な役割がある。
チーム内の各自が、事前に定義された方法で協力し、相互に作用しなければいけない。	チーム内の各自が、それぞれにアジャイルな「マインドセット」を育まなければいけない。	チーム内の各自が、共通の目標と価値観に向かって協力しなければいけない。

　これらの理由から、私はアジャイルをムーブメントと表現するハイスミス自身に賛成したい。アジャイルを**ムーブメント**とすることで、プラクティスと原則を仕事に持ち込むにあたっての自分の責任をより理解できるようになる。こんなふうにだ。

アジャイルは同時進行するイノベーションから生まれた単一のムーブメントだ

　アジャイルの誕生は、仕事や文化、芸術におけるほかの重要なムーブメントのそれとよく似ている。何人かの実践者が彼らを取り巻く世界の変化に対応するなかで、独立しながらも同時進行するイノベーションのもとで生まれたものだ。たとえば印象派の芸術運動は、当時の芸術アカデミーの厳しいルールに反発した画家のあいだで同時に起こったもので、写真の普及に対する反動でもあった。同じようにアジャイルムーブメントも、企業の厳

しい条件に反発したソフトウェア開発者のあいだで同時に起こったもので、加速度的な技術の変化に対する反動だったのだ。**図 1-1** を見てほしい。イノベーションの同時並行という観点でアジャイルを見ると、私たちの貢献がどれだけムーブメントを前進させ続けているかを理解できるだろう。

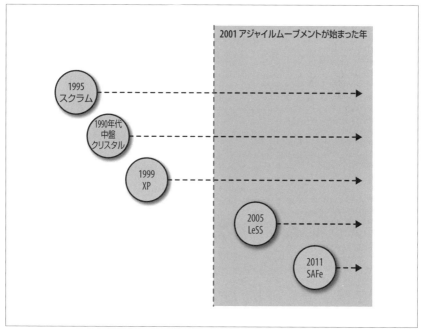

図 1-1　アジャイルのフレームワークと手法の年表。正式化されたことが広く認められる年ごとに示す。ムーブメントが起こってからも、新しいフレームワークと手法が出現し進化し続けていることに注目。

アジャイルには思考と行動の双方が必要だ

アジャイルをムーブメントと考えると、**思考と行動の双方**に高い基準が設定される。ムーブメントは新しい考え方と新しい働き方を必要とする。そしてこの 2 つを常に同期させることが求められている。考えなしに仕事をするのは、せいぜい運用上の軽微な修正をしているときくらいだ。行動で思考を補完しなければ、言うこととやることのあいだに深くて危険な溝がで

きてしまう。

アジャイルは私たちをより良い方向に向かって協働させる

　アジャイルをムーブメントとして捉えると、私たちが**協力**しなければいけないものであることが明確になる。アジャイルは私たちに、オープンで協調的で思索的であれ、と言う。プロセスやツールの「正しい」実践の先を見据え、それぞれの人たちの違いや複雑さを受け入れ、より良い方向に向かって一緒に働く方法を見つけることを求める。まるで、ユタ州に集まってアジャイルソフトウェア開発宣言に署名した人たちのように。

　多くの点で、アジャイルムーブメントの物語は、アジャイルを成功させる青写真を内包している。それぞれのチームが別々の戦術的方式の恩恵を受け、お互いの価値観から共通点を見つけ、前進し続けているという事実を受け入れよう。

1.2　アジャイルの魅力を紐解く

　アジャイルソフトウェア開発宣言に署名した 17 人によって作られたアジャイルアライアンスは、アジャイルをシンプルに「不確実で大荒れの環境で成功するために、変化を作り出しそれに対応する能力」と定義している（https://www.agilealliance.org/agile101/）。

　なぜこれがそこまで現代的な組織に切実なのか、それほど理解が難しいことではない。私たちの世界が以前よりもペースを上げ、つながりが深まり、顧客主導型になっているというのは、組織設計や文化について現在進行形で考察するときには最低限必要となる考えだ。現代の組織は、特に大きくて動きの遅い大企業であれば、自分たちより小さく適応力のある企業に「破壊される」のではという恐怖に常にさらされている。より速く、より柔軟に、より顧客中心に、という切迫感が現実のものとなっているのだ。そしてアジャイルは、「自分たちは最先端のテックカンパニーやスタートアップによって廃業に追い込まれるかも

しれない。どうしたら自分たちもそういう企業のようになれるだろうか」という
疑問に対する重要な答えを提供する。

　とはいえ、アジャイルはハイテク企業に本質的な競争優位性をもたらす秘密
の魔法のようなものだ、という考えは単純化しすぎであり、乱暴で誤解を招く
ものだ。大手の伝統的企業で私が一緒に働いてきた人たちの多くは、彼らが恐
れると同時に偶像化しているテックカンパニーが、バラ色のPR文やマスコミが
褒め称える記事にあるような、お菓子食べ放題の平等主義者の溜まり場ではな
いと聞いて、心からショックを受けている。良くも悪くもそういった企業は、従
来型の企業と同じように、根本的な課題に直面することがほとんどだ。つまり、
顧客中心というより経営中心になりがちであったり、組織のサイロ化がコラボ
レーションを阻害したり、プロジェクトが動き出してから変化に抵抗したり、と
いったことだ。

　私が一緒に働いてきた人たちの多くは、「小さなスタートアップのように働く
こと」がアジャイルの価値観の実現の成功を保証してくれるものでもないと聞い
て、驚き落胆している。スタートアップの創業者、特にベンチャーキャピタル
からの数百万ドルと現在の起業家精神への文化的妄想によっていい気になって
いるような人たちは、今まで私が出会ったなかでも適応力が本当に高いとは言
えない人たちだった。良くも悪くも、5人のハイテク組織でも、鎖国状態でコ
ミュニケーション不全で、自分たちのやり方に凝り固まるようになり得る。それ
はまるで5,000人の伝統的企業のようだ。

　究極的には、本当の意味でアジャイルの方式を受け入れるということは、目
先の競争優位性やハイテクの後光を授けてくれるようなルールやプラクティス
があるかもしれないという考えを捨てることだ。アジャイルソフトウェア開発宣
言の最初の一文にこう書いてあっても差し支えない。私たちのチームや組織は、
私たちが採用した**プロセス**が生み出すのではなく、一緒に働く**人たち**が生み出
すものなのだと。アジャイルをうまく使えば、個人やチームが最高の状態で仕
事をしやすくなるだろう。私たちの住む世界は本質的に動きが速くて予見が難
しいが、その本質に逆らって働くことで生じる摩擦をアジャイルによって減ら

せる。それでも、アジャイルが銀行を検索エンジンに変えることはできないし、大企業をスタートアップに変えることもできないのだ。

1.3 従来の仕事の仕方からの脱却

アジャイルソフトウェア開発宣言には、プロセスやツールよりも個人との対話が重視されるべきだと明確に述べられている。そして、この価値観は理論上は同意しやすいものの、実際にはいくつかの巨大な課題を示している。プロセスとツールは一般的には目に見えるもので、実態があり、比較的変更しやすいものだ。だが個人との対話を形作るエネルギーは、ほとんどの場合、目には見えず、口にもされず、変えるのがとても難しい。たとえば誰かがやって来て「お客さんから聞いた否定的な意見を自分の上司に伝えたら、私はクビになりかねない。だからフィードバックはしないでおくんだ」などと言うことは極めてまれだ。組織で働く個人にとっては、マネージャーに実際伝える情報や、そもそも最初の段階で顧客から引き出す情報について、慎重に選択するのは決して珍しくない。一方でマネージャーは、「このアイデアが悪いんだってなぜ誰も教えてくれなかったんだろう？」と悩み続ける。

このようなシナリオは、どんな高度なフレームワークやキラキラしたハイテクツールを採用していようが、あらゆる組織で日々繰り返されている。重要な変革を追求することを使命とする組織においてさえ、「従来の仕事の仕方」に人をつなぎとめておく力は、重力そのものと同じように広範囲に及び、逃れられないもののように感じることがある。それらは私が「組織重力の3つの法則」と呼ぶもののなかで、たびたび明らかにされている。

- 組織の個人は、日々の責任ややる気を伴わない場合、顧客対応を避ける。
- 組織の個人は、自分のチームやサイロの居心地のよさのなかでいちばん簡単に完了できる仕事を優先する。
- 進行中のプロジェクトは、プロジェクトを承認した最上位者の決定がない

限りは続く。

　先に述べた例は「組織重力の３つの法則」の１つの現れだ。プロジェクトが自分のマネージャーに承認されてしまえば、顧客が何を言おうとプロジェクトを疑問視することはないだろう。究極的には、マネージャーが顧客のフィードバックを聞いて実際にどんな反応をしようとも、それは変わらない。私たちは習慣の奴隷だ。多くの現代的な組織は、私たちが何年も「従来の仕事の仕方」を進めながら築きあげてきた習慣と期待の総和の現れだ。

　これらの力を組織重力の問題として悪者に仕立てることで、いちばん楽な方法が同僚や顧客の利益と著しく相反するといったよくある状況が見えてくるだろう。組織のリーダーがこの緊張関係をどうにかしようとすると偽善者や二枚舌に見られかねないが、彼らにとっては共感と理解を得られやすくなるはずだ。そして、私たち自身の日々のふるまいが、まさに自分たちが解決しようとしている問題にどう貢献するのかを理解できるようにもなる。**3章**から**5章**では、「組織重力の３つの法則」をそれぞれ詳しく見ていきたい。アジャイルの原則が、それらを避けるのにどう役立つのかを説明しよう。

1.4　アジャイル対ウォーターフォール

　アジャイルムーブメントに関連するプラクティスは、プロダクトマネジメントやプロジェクトマネジメントに対する伝統的な**ウォーターフォール**方式に代わるものとして紹介されることが多い。よくあるのは、ウォーターフォール方式では、プロダクト開発やプロジェクト開発の各段階がまったく別のスキルセットを持った別々のチームによって実行されるという比較のされ方だ。たとえば、ビジネスやそのテーマの専門家チームが、プロダクトの初期計画を作る担当になることがある。そのあと彼らはほかのチームに仕事を投げる。プロダクトの設計を担当するチームだ。そのチームはまた別のチームに仕事を投げ、そのチームがプロダクトの構築を担当する。何かが実際にでき上がるまでには数か月、

場合によっては数年かかることもある。それでもでき上がったものは、少なくとも理論上は、当初計画したとおりのものなのだ。

　対照的に、アジャイル方式には、小さいながらもでき上がったアウトプットを短い間隔でリリースするような機能横断チームがいる。それが**図 1-2**だ。「機能横断」という用語は、通常、プロジェクトの計画から実行までに必要とされるすべてのスキルが1つのチーム内に備わっているようなチームを指す。このチームは協力して働き、**タイムボックス**と呼ばれる有限で一貫性のある時間の区切りのなかで、小さなアウトプットを完成させる。各タイムボックス（**イテレーション**と呼ぶ）のアウトプットは、対象者に向けてリリースされる。そこで集められたフィードバックは、将来のタイムボックスでのアウトプットの方向性と優先順位づけのために利用される。このようにして価値のあるものが迅速に提供される。だが時間が経つにつれて、「完成した」プロダクトやプロジェクトは当初計画より大幅に逸脱することもある。

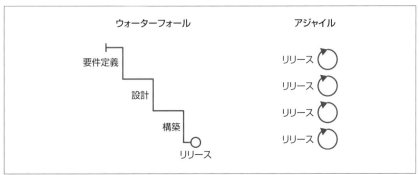

図 1-2　ウォーターフォール（左）は、専門チーム間の複数の引き継ぎを伴い、たった1つ計画されたリリースに向かっていく。アジャイル（右）には頻繁にリリースしてフィードバックを集めながら必要に応じて軌道修正していく機能横断チームがいる。

　例として、実店舗のある小売店のウェブサイトを構築しているとする。従来のウォーターフォール方式なら、長文の仕様書つまり「要件定義書」を作成するだろう。その文書には、ウェブサイトに必要な機能、それらの機能がどう動くか、そしてサイトの全体像や雰囲気がどんなものになってほしいかが正確に記

述されている。その後、その仕様書をデザイナーのチームに渡し、デザイナーにサイトの特定のページと要素のビジュアルモックアップを作ってもらう。モックアップを承認したら、それを開発者のチームに渡す。開発者はモックアップを機能するウェブサイトにしていく。そのサイトは元の仕様にできる限り近いものだ。6か月後には、完全に機能するウェブサイトが手に入るだろう。

　ここで、同じウェブサイトをアジャイル方式で構築することを想像してみよう。サイト構築を担当するチームには**デザイナーと開発者**の両方がいる。あなたは彼らと協力して、あなたや顧客のニーズにもとづいて、より小さなリリースに優先順位をつける。たとえば、最初の2週間のタイムボックスでは、店舗に関する情報を顧客に提供する簡単なランディングページを作ろうと決める。それから次の2週間のタイムボックスで、週ごとの特売品やお勧めを載せるだけのメーリングリストを作ることにする。4週間後には、あなたのビジネスの成長に寄与する何かを手に入れているだろう。もしかしたらそれは、あなたが思い描いていたフル機能のウェブサイトでないことだってあるのだ。

　正直に言えば、アジャイルとウォーターフォールを比較すると、どうしてもアジャイルが明らかに有利になってしまう。理論の上でも、100ページもある仕様書、手続き的な引き継ぎ、数か月にわたるプロジェクト計画よりも、細心の注意を払ってつけられた優先順位や、スコープを絞って複数リリースするほうが常に魅力的に見えるのだ。

　だが実際には、これほど単純なことはまずない。たとえば、銀行や医療などの規制の厳しい業界のプロダクトを扱っているとする。高給取りの弁護士チームだとしても、基本的なリーガルレビューは何か月もかかるかもしれない。全体を完全に網羅したプロジェクト計画を弁護士たちがレビューしなければ、設計チームとエンジニアリングチームはリリース不可能なものを作ってしまう可能性が高くなる。結果として、時間の損失と費用の損失を招く。こういった環境でアジャイルを実践するにはどうすればよいだろうか?

　従来の意味でプロダクトを開発していないチームの場合、こういった課題はさらに複雑になってくる。たとえば、マーケティングやセールスのチームは、年

間予算サイクルに大きく依存していることが多い。主要な広告キャンペーンを扱っている代理店は、決められた期限から逆算しつつ、クライアントからの構造化されたフィードバックとその場その場のフィードバックの双方を取り入れなければいけない。現実の世界では、最大限アジャイルに寄せようとしても、小さな輪が並んでいるようなアレになることはめったにないのだ。だが、アジャイルに取り組むことで、小さいながらもポジティブな変化が働き方に現れる。アジャイルを絶対的で柔軟性のない運用ルールと捉えて取り組めば、その変化は手の届くことのない最終状態への小さな一歩のように感じられるかもしれない。だが、原則第一でアジャイルに臨めば、変化が勢いづいている印象を与えることもできるし、可能性を生み出すこともできるだろう。

　というわけで、たとえ教科書的な方式が不可能に思えても、機会を見つけて日々の仕事にアジャイルの原則を適用することが重要だ。たとえばもし自分たちが大規模で機能的にサイロ化されたチームにされていたら、どうすればチーム間の交流を促せるだろう？　どうすればチーム間の引き継ぎから手続き的なものを減らして、協調的にできるだろう？　どうすれば顧客と一歩ずつ密に連携していけるだろう？

1.5　アジャイル、リーン、デザイン思考

　当然ながら、過去20年にわたって新しい働き方について考え続けてきたのは、アジャイルソフトウェア開発宣言に署名した人たちだけではない。迅速かつ適応的に働くための新しい方法を組織が求めるようになるにつれ、アジャイルのほかにも類似したムーブメントや方式が目立つようになってきた。**リーン**と**デザイン思考**がそれだが、もちろんそれだけではない。

　リーンムーブメントの起源は、20世紀初頭の自動車メーカーにまでさかのぼる。彼らはムダと過剰生産を最小限に抑えようとしていた。リーン生産方式は、たとえばスクラムのような基盤となるアジャイル手法に刺激を与え、2003

年にメアリーとトムのポッペンディーク夫妻が『リーンソフトウエア開発』[†2]を発表したことで、アジャイルソフトウェア開発の世界に明示的に適用された。エリック・リースは 2011 年に『リーン・スタートアップ』(http://theleanstartup.com/)[†3]を出版した。これによって、リーンムーブメントはそのルーツを持つ製造業を超えて大きく拡大した。この本が主張しているのは、今日の不確実性の高い環境においては、顧客について学習することに寄与しないものは、リーン用語で言えば、**すべてムダ**であるということだ。

　IDEO の CEO であるティム・ブラウンはこう説明する。「デザイン思考とは、イノベーションを生み出す、人を中核としたアプローチです。ニーズ、テクノロジーの可能性、ビジネスとしての成功を 1 つに組み合わせるデザイナーの手法から導き出されたものです」。実際においても、顧客のニーズをもっと理解するためにインタビューを実施し、考えられるいくつかのソリューションについてブレインストーミングし、ソリューションのプロトタイプをすばやく作成し、使いやすさと望ましさについてテストを行う。

　アジャイルムーブメントを生み出した「同時進行するイノベーション」という概念を拡大すると、これらのムーブメントが極めて類似した根本課題にさまざまな方法で取り組んでいることがわかる。すなわち、**急速に変化する世界において、組織はどのようにして顧客のニーズを満たすことができるのか**という課題だ。これらのムーブメントの解決策はそれぞれ少しずつ異なるものの、顧客中心主義、コラボレーション、変化へのオープンさ、といったような類似した価値観を原動力にしているという点では同じである。

　プロダクトデザイナーであり研究者でもあるアンナ・ハリソン博士が私に指摘してくれたように、これらの方式のいちばん重要な違いはおそらく方式自体ではない。**図 1-3** に示すように、むしろ組織がどのように自らの成功を評価する

[†2]　訳注：Mary Poppendieck, Tom Poppendieck, Lean Software Development: An Agile Toolkit、邦訳『リーンソフトウエア開発：アジャイル開発を実践する 22 の方法』平鍋健児、高嶋優子、佐野建樹（訳）、日経 BP

[†3]　訳注：Eric Ries, The Lean Startup: How Constant Innovation Creates Radically Successful Businesses、邦訳『リーン・スタートアップ』井口耕二（訳）、日経 BP

かである。大まかに言うと、アジャイル戦略の成功を測るときにはベロシティ、すなわちプロダクトを市場にリリースするスピードで測る傾向がある。リーン戦略の成功を測るときには効率性、すなわち製造プロセスからどれだけムダを排除できるかによって計測する傾向がある。そしてデザイン思考の成功を測るときにはユーザビリティ、すなわちプロダクトがどれだけの価値を顧客に提供できるかによって評価する傾向がある。

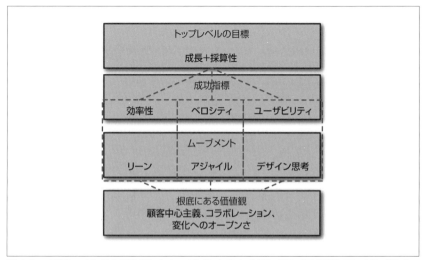

図 1-3　アジャイルおよび隣接したムーブメントをよく使われる成功指標にマッピングしたもの。組織が何を優先と捉えているか診断するのに有効だろう。

　これら3つのムーブメントから初めにどれを選ぶかによって、組織がどの成功指標を最重要と捉えているのかがわかる。単に組織のリーダーが初めにどの本や記事を読んだか、という話であることもある。同じ組織でも、別々のチームがそれぞれで原則とプラクティスを同時期に検討していた、なんていうことも珍しくはない。たとえば、プロダクトチームがリーンスタートアップのワークショップに参加する理由が、マーケティングがアジャイルマーケティング戦略を始めるためだった、ということもある。あるいはもっとよくあるのは、エンジニアにはアジャイルのトレーニングを受けさせ、プロダクトマネージャーとデ

ザイナーにはデザイン思考のトレーニングを受けさせることだろう。双方のグループに、これらの方式が重複しているのか、補完的なのか、あるいは対立しているのかといった多くの疑問を残すことになる。

　これら3つのムーブメントは近接して並んでいるだけなのだと多くの組織が理解できるようになるには、これらの課題に取り組んでみるしかない。そして、そのなかから各組織に特有のニーズや目標を達成するために最適な原則とプラクティスを選んで実践するかどうかは、最終的には**彼ら次第**だ。IBMの技術理事であるビル・ヒギンズはこう言っていた。「アジャイルとデザイン思考の両方をやってみた結果、どちらの方式でも結果は非常に一致していると言えるまでになった。違いが現れるのは用語だ。多くの場合、同じ概念に異なる用語が使われているんだ」。

　というわけで、方式の選択を間違えるのではないかという心配は無用だ。本書で説明している概念の多くは、リーンやデザイン思考、ほかにもシックスシグマのような組織設計やリーダーシップに対する方式に関する本や記事で出会う概念と、かなり重複してくるだろう。自分のチームや組織に望む変化を明確に意識し、その変化を促進するのだと思える価値観を持っていれば、どんなアプローチに出会おうと、おそらく何かしら役立つものを見つけることができるはずだ。難しいのは、どのアプローチがいちばん正しいかを選択することではない。各アプローチの要素が特定のニーズや目標に最適だと気づけるように、自分たちの目標を明確にしておくことだ。

1.6　まとめ：アジャイルはシンプルにできている（だが簡単ではない）

　アジャイルの世界は、手法とフレームワークとルールと儀式とが、めまいがするほど複雑に絡み合っているように見えるだろう。だがアジャイルの拡張性は、本来複雑さが備わっているということを示すものではない。実際にはまっ

たく逆だ。アジャイルの戦術は非常に複雑で矛盾しているように見えるかもしれない。それはアジャイルの根底にある価値観がとてもシンプルで、身近で、広く適用可能だからだ。その価値観のもとで、さまざまな方式が存在する余地は十分にある。そのおかげで私たちは、さまざまなニーズを持つチームや組織にアジャイルを持ち込むことができるのだ。アジャイルを価値と原則によって駆動されるムーブメントとして取り組むとき、個別のチームや組織のニーズを満たす方法でそれらの価値と原則を実現するためにはどうすれば最善かを考える余地が私たちにはあるのだと主張し続ける。そうすることで、私たちは単なる受動的なフォロワーではなく、アジャイルムーブメントの能動的な進行役としての責任を負うのだ。

2章

自分たちの北極星を
見つける

2.1 フレームワークの罠から逃れる

うちのやり方に口を出すな。出て行け。

経験豊富なアジャイルコーチがイギリスのある会社で変革に取り組んでいたときに言われた言葉だ。いったい彼は何をやらかしたのだろうか。

多くの会社と同じように、この会社もスピードと柔軟性をもたらすという言葉に惹かれて、あるアジャイルフレームワークを選んだ。フレームワークの説明にはピカピカの魅力的な言葉が並んでいた。やらなければいけない儀式はどれも簡単だ。儀式を書いてあるとおりにやりさえすれば、会社はこれまでになく速くかつ効率的になる。

だが、このアジャイルコーチは、これまでの経験も踏まえ、フレームワークのルールに文字どおりに従う気はなかった。ルールの意図を尋ねてからやらなければと思っていたのだ。「なぜこのフレームワークを選んだんですか？」、「フレームワークの導入のときに従う原則は？」、「今とどうやり方が変わるんですか？」。変革チームのメンバーは、このような質問をするのを避けていた。そして、答えがはっきりしていないのに、わかっていることになっていた。

6か月後、別のアジャイルコーチが状況の確認のために戻ってきた。状況はこんなだったそうだ。

> メンバーは選んだ手法の「エキスパート」になっていました。やり方はまったく以前と変わってはいませんが、呼び名だけが変わっていました。「これまでの会議の代わりにこの会議をやります」。同じ会議で名前だけが違いました。「これまでのドキュメントの代わりにこのドキュメントを作ります」。同じドキュメントで名前だけが違いました。組織としての本質的な課題にまったく取り組んではおらず、オープンで透明性が高く、情報を得やすい文化に変えようという活動もまったく行われていません

でした。代わりに、これまでと同じ仕事を別の名前や別の専門用語でこねくりまわしていただけだったのです。

　まったく認識していなかっただろうが、この会社はフレームワークの罠にガッチリとはまっていた。解決しようとする課題や、解決のために従うべき原則を理解する時間を**取らずに**、特定のアジャイルプラクティスだけを実施しようとしたのだ。**図2-1** に示すように、これまでより速くて、柔軟で、**よりよくなれる**というぼんやりした希望から、新しいフレームワークやプラクティスを試そうとする企業は多い。そして、結局元のまま何も変わらないことに気づくのだ。

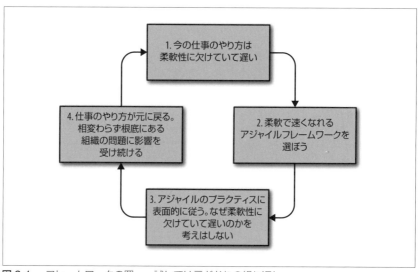

図2-1　　フレームワークの罠——試しては元どおりの繰り返し。

　この例にあるように、組織はよくフレームワークの罠にはまる。フレームワーク1つで問題が全部解決すると思っているからだけではない。多くの場合、既存の問題が何か、その解決にアジャイルがどう役立つかについて会話することを恐れて避けているからだ。

　アジャイルを価値と原則にもとづくムーブメントではなく、ただの運用ルー

ルー一式として導入しようとする組織が多いのは、おそらくこれが理由だ。「The Failure of Agile（アジャイルの失敗）」というブログ記事（http://bit.ly/2Qp8iAa）で、アジャイルソフトウェア開発宣言の署名者でもあるアンディー・ハントは、「ルールの喜び」のために、いかに組織が表面的で、結果的に役に立たないアジャイルプラクティスの導入に走るかを書いている。

> みんなアジャイルソフトウェア開発宣言の背後にある原則や抽象的なアイデアを見ようとせず、一連のプラクティスを鉄の掟として導入しようとしてしまう。

> だが、アジャイル手法は実践者に考えることを要求する。率直に言って売り込みやすくはない。ルールにただ従って、「教科書どおりにやってます」と言えるほうがはるかに楽だ。簡単だし、笑われたり非難されたりもしない。クビにもならない。ルールが厳しすぎると声高に非難したところで、安全だし快適なのだ。だがもちろん、アジャイルであること、効果的であることは、快適かどうかの問題ではない。

　明確な目的がないか、あってもよく理解されていないルールに盲目的に従っても、もちろんまったく役に立たない。想定したとおりに使われないからだ。ハントが示唆したように、ルールベースのアプローチを全体に適用しようとしても、組織やチームは「正しい」プラクティスに表面的に従うだけで、これまでのやり方のどこが「正しくなかったか」を確かめようとはしない。結局は根本原因が放置されるのだ。このような「組織変革」をよく見かける。「アジャイル」に限った話ではない。フレームワークの罠にはまっている兆候を4つあげよう。

今の手法やフレームワークは大失敗だった。だから新しいのを試そう！

　フレームワークの罠にはまったチームや組織は、以前やったことのあるフレームワークや手法に一家言あることが多い。「ああ、スクラムはやってみた。全然ダメだった。だから、スケールフレームワークに切り替えていると

ころなんだ」。そして、数か月後には「スケールフレームワークは、僕らの仕事のやり方に全然合ってなかった。だから別のを試すんだ」となる。3回か4回失敗するとこう言い始める。「アジャイルがなぜ評価されているのかまったくわからないよ。僕らは、リーンシックスシグマが専門のコンサルタントに助けてもらおうと思っているんだ。アジャイルよりこっちのほうが僕らには合っていそうだからね」。そうしているうちは、何も変わらない。

アジャイルについて話すだけでアジャイルになった気になる

アジャイルを表面的に取り入れようとした組織は、いちばん表面的なところにこだわるようになる。アジャイル用語だ。会議がアジャイル用語であふれるようになる。だが「デイリースクラム」や「タイムボックス」についての意見を述べると、たちまち冷ややかな目で見られてしまう。理由を尋ねようものなら、「わかってない奴」というレッテルを貼られる。いずれにせよ、何も変わらない。

この組織の問題について話しているのにほかの組織の話を持ち出して反論する

「X社はこのフレームワークで完全に変革に成功した」という言葉は、特にX社出身の人間から出ると説得力がある。うまくいったという例を否定するのは難しいため（参照するケーススタディーは増え続ける）、組織は明確な成果が出せそうにないフレームワークやプラクティスに賭けることになりがちだ。このような状況では、従業員は置き去りにされてしまい、X社のように適応性を上げて革新的になって成功するのは難しい。そして、何も変わらない（ところで、X社が本当に成功しているなら、推進者がなぜこの会社に来ているのだろうか？）。

アジャイルプラクティスの適用自体が目的となってしまい、手段であるということを忘れてしまう

フレームワークの罠にどっぷりとはまってしまい、アジャイルの旅が成功だったと思い込んでしまう組織もある。すべてのチームがアジャイルを適用

している！　重要なアジャイルの儀式はデイリースタンドアップも、スプリ
ントも、ふりかえりも全部やっている。だが実際には、変わったことはあま
りない。新たな機能横断チームは、これまでの機能別チームとまったく同じ
ようにサイロ化している。2週間周期で作業はできても、計画は2年サイク
ルだ。組織は「アジャイル」の彼方に行ってしまった。やはり、何も変わら
ない。

　アジャイルが、現代の組織が抱える問題に対してどんなときでも使える革命
的な解決方法だとしたら、それはすごく魅力的だ。だが、アジャイルの用語を
使い、表面的にプラクティスを適用するだけでは、フレームワークの罠にはま
ることが保証されたようなものだ。「なぜ」と問わなければいけない。アジャイ
ルで意味のある変化を得るためには、人をグループで働かせ、自分たちのニー
ズやゴールを理解させ、そして現在のやり方がどうゴールの達成を阻んでいる
かを理解させなければいけない。**図2-2**に示すように、人を一緒に働かせて理
解を得ることで、フレームワークの罠から逃れて意味のある結果を残せる。

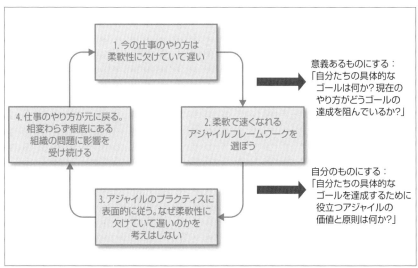

図2-2　フレームワークの罠から逃れる2つの方法：意義あるものにする、自分のものにする。

　本章ではフレームワークの罠から逃れる2つの方法について説明する。**意義あるものにする、自分のものにする、だ**。どちらもアジャイルのプラクティスをアジャイルの価値観に結び付け、それぞれの組織のニーズやゴールとも結び付ける。こうして、表面的な変化を限りなく繰り返すフレームワークの罠から逃れることができる。

2.2　意義あるものにする：ゴールと課題を設定する

　多くの組織がアジャイルに惹かれるのは、アジャイルを使うと速くてより柔軟になれると考えているからだ。だが、「速い」、「より柔軟」の意味するところは、組織によって異なる。速度と適応性についての具体的なゴールは何だろうか？

　達成できたことをどうやって知ることができるだろうか？　そして、今のやり方でゴールを達成できないのは、何が障害になっているのだろうか？　このような質問をすることもなく、狙いをつける方向さえ明らかにしないまま、組織は何百億ドルもの資金と何千時間もの時間を銀の弾丸を打ちまくるのに使ってしまう。

　成功するアジャイルの適用は、常に厳しく正直に現状を見ることから始まる。何がうまくいっていて、何がうまくいっていないのか。アジャイルを今の仕事のやり方をちょっと変えるだけのことと思っているなら、アジャイルから得られるメリットもちょっとだけになるだろう。今のやり方を選んだ元になっている現時点の思い込みや想定に疑問を持たなければ、どんなフレームワークを試しても今のやり方は変わることはないだろう。アジャイルプラクティスを試す前に、以下の質問に答える必要がある。

- チームや組織が将来なりたい状態は？
- チームや組織の現在の状態は？
- 将来なりたい状態になれないと思う理由は何か？

　これらの質問に答えるのは簡単ではない。より良い仕事のやり方を知りたいと思っている人がほとんどだとしても、「より良い」の意味することを考えると、現時点での思い込み、期待、ふるまいなどを疑問視せざるを得ず、現状の心地よさと安定性を変えてしまうことになる。良い変化に総論としても賛成しつつも、変化の各論には懐疑的で変化に抵抗するのはよくあることだ。私の経験では、疑問となるテーマはいくつかに絞られる。

「私たちは階層的すぎる」

　変化を起こらなくさせるいちばん簡単な方法は、どうせそんな変化はマネジメントが放り出すだろうと主張することだ。「私たちは階層的すぎる」というのは、「マネジメントが指定した範囲で私は一生懸命やりますが、どうせマネジメントは指定範囲を変えるんでしょ」という意味のことが多い。これは会話の良い機会になる。仕事の裁量に含まれているのはどこまでで、含まれていないのはどこか。その制約のなかでどんな変化が望ましいか、どんな変化が可能か。

「私たちはサイロ化しすぎている」

　ほとんどの組織は、機能別もしくはプロジェクト別のサイロに苦しんでいる。アジャイルを使えば、運用で簡単に解消できると思われていることも多い。機能別サイロの人たちをシャッフルして、機能横断チームにすればよいだけだ。しかし、根底にある組織の文化的な問題に取り組んでいなければ、シャッフルされたチームが**新たなサイロ**になるのに時間はかからない。**4章**で議論するが、人が今所属する安全なチームの外に出たがらないのにはそれなりの理由がある。その理由を理解しないと、アジャイルプラクティスによって組織のサイロを壊したり、自分のサイロに閉じこもらない機能横断組織を作ったりすることはできない。

「私たちは規制が強すぎる業界にいる」

　銀行、ヘルスケアなどの業界にいる人は、厳しい規制を乗り越えるのは

まったく無理だと思うかもしれない。それでも、アジャイルの価値と原則を
業界に持ち込む余地はたくさんある。もちろん教科書どおりの適用ではうま
くいかないかもしれない。だが、組織が従わなければいけない変えられな
い制約を認識すれば、「何が**できる**だろう？」と問えるはずだ。規制の問題
でアジャイルプラクティスは不可能だと降参する必要はない。

「前に試したけどうまくいかなかったんだ」

変化が必要で可能であるという考えが、組織で共有されていないこともあ
る。フレームワークの罠に何回もはまったことのある組織では、ありがち
だ。このような場合、過去の変化への取り組みが失敗した**理由**をオープン
で正直にふりかえることが必要だ。「フレームワーク選びを間違った」では
不十分なのだ。

変化への抵抗や疑問を早く表面化させることができれば、その抵抗や疑問の
理由は、組織が必要とする変化を見極めるのに役立つ。例をあげよう。プロダ
クト開発から引き離されていると感じているマーケティングチームと働いたこ
とがある。何をやっても顧客に対して有効な変化を届けられないと思っていた。
状況が見えるようになっていれば、「プロダクト開発の誰かにメールを打って、
コーヒーに行こうと誘ってみる」といったインフォーマルな戦術を選ぶこともで
きるようになる。そうすることが新たな可能性と機運につながっていくのだ。さ
らに、課題への外部の声からモデルを作り、アジャイルの旅への妨害ではなく、
アジャイルの旅の舵取り、加速に活かすこともできる。

2.3　自分のものにする：アジャイルの価値と原則を使って変化を促す

チームや組織のゴールを明確にする時間が取れたら、次にやるのは、アジャ
イルがゴールの達成に役立つのかを説明することだ。さっさとフレームワーク

自体や具体的なプラクティスの説明に入りたいと思うかもしれない。だが、それでは不可欠なステップを飛ばしてしまう。それぞれの組織に適合する形で、アジャイルの価値と原則を定義することが必要なのだ。アジャイルソフトウェア開発宣言を読むだけで十分な組織もあるだろう。組織によっては、アジャイルソフトウェア開発宣言では具体性が足りない場合もある。あるアジャイル実践者がこう言っていた。「ツールより個人を**優先しない**組織があるとでも言うのかい？」。

　アジャイルの中心となるアイデアをほかの言葉で言い換えたり、ほかのやり方で捉えようとしたりするのは、危ないゲームだ。多くのアジャイル実践者がそれを指摘している。だが結局、人が「アジャイル」と呼びたいものをそう呼ぶのを止める方法はあるだろうか？　アジャイルの簡単なところだけを選んで、残りを無視するのを止められるだろうか？　アジャイルの価値と原則を完全に骨抜きにしてしまい、「いつもどおりのビジネス」にまったく実質的な影響を与えられなくなるのを止められるだろうか？　結局、本章の始めに書いたような表面的な実践にとどまってしまう。

　重要な疑問であるし、実際の懸念でもある。ただ経験上、「アジャイルの価値と原則をどのように捉えたら、私たちのチームや組織のゴールを達成するのに役立つだろうか？」と質問することで、導入後にアジャイルを軽視したり無視したりしようとする人たちの疑念や分断を払拭できる。アジャイルのざっくりした価値と原則の議論を通じて、潜在的な反対派の人たちを巻き込み、説明責任の共有を促すことができる。さらに重要なことだが、アジャイルの価値と原則がそのままだと曖昧で非現実的だったり無関係に見えてしまったりするというリスクを低減できるのだ。ジョディー・レオは、Nava PBC、アップル、グーグル、ニューヨーク・タイムズなどで経験を積んだUXの実践者で教育者だ。彼は、「アジャイルが最初に導入されるとき、会社のやっている本業とはまったく関係ないところから導入される」と言っている。

　それから重要なのは、アジャイルの価値と原則をインパクトの最大化のために特殊化するのと、現状に影響がないように骨抜きにするのとを明確に区別す

る感覚だ。後者の例をあげよう。一緒に働いたあるチームでは、アジャイルの価値と原則から、「コラボレーション」という言葉を完全に取り除こうとした。組織のリーダーが「会議を増やす」という意味に取ることを恐れたのだ。だが、この恐怖こそが、そういった思い込みを疑うことができるように「コラボレーション」を定義する必要があることの証拠だ。特殊化した原則を作ると、これまでに明確化できたチームの具体的なニーズに合った形で、コラボレーションの持つ広い意味を示すことができるのだ。たとえば、「私たちは完成したものを共有するのではなく、一緒に時間を使って仕事を共有します」のようなものである。

　特殊化することと骨抜きにすることのあいだには、**表2-1**に示すような決定的な違いがある。アジャイルの一般的な価値と原則を特殊化して自分自身のものにしようとするとき、将来「いつもどおりのビジネス」のやり方に戻るための言い訳になりそうな断絶を先に特定して解決しようとする。アジャイルの一般的な価値と原則を骨抜きにしようとするときは、**その時点で、**「いつもどおりのビジネス」が変えられないことの言い訳をしようとしているのだ。

表2-1　アジャイルの価値と原則の特殊化と骨抜き

特殊化	骨抜き
既存の組織で使われていて受け入れられている言葉を取り込む。	アジャイル用語を組織の用語と表面的に組み合わせる。
組織運営で意味をなさない特定の言葉やアイデアを変更する。	チームや組織の今のやり方の妨害になりそうな特定の言葉やアイデアを取り除いてしまう。
「原則をこう捉えたら、チームや組織のゴールの達成を助けられるだろうか？」	「原則をこう捉えたら、変化を恐れる個人をなだめられるだろうか？」

　今後の章では、アジャイルを3つの原則に分解する。組織のどのような職能でも、アジャイルムーブメントを理解でき、しかも実行可能にしようという私の試みだ。ただ明確にしておきたいのは、それらの原則は、あなたが自分自身のものとしたときに、より大きな価値を持つということだ。あなたの組織では、

「顧客」が広すぎる意味を持つかもしれない。「UX」や「クライアント価値」のほうがよいかもしれない。素晴らしい！　特定のチームや職能の個人個人の「コラボレーション」が今すぐ必要なら、原則に書き込んでしまってもよい。これも素晴らしい！　顧客中心主義とコラボレーションという一般的な考えを捉えつつ、自分の組織で実行可能で明確な形に言い換えることに成功したのだ。

2.4　まとめ：アジャイルはフレームワークの罠の先にある

　フレームワークの罠から逃れるには、特定のプラクティスやフレームワークを取り上げる**前に**、2つのステップを経る必要がある。

1. チームや組織がどうなりたいか、そして何がそれを妨げているかを正直に厳しく見ること
2. チームや組織が掲げられたゴールにたどり着くために従う必要のあるアジャイルの原則を選ぶ（必要なら特殊化する）こと

　この2つの手順が行われたら、原則を実行に移すためのプラクティスを実行し始めてよい。そして原則から外れそうな場合には、プラクティスを変えてもよい。

　続く3つの章では、アジャイルの3つの原則を説明する。また、チームや組織の変革を実行するため、原則をサポートするプラクティス、よくある成功の兆し、失敗の兆しについても説明する。

3章
顧客から始めるのが アジャイル

　アジャイルの原則の１つ目は、いちばん重要かつ難しい。そして、ほとんどの場合見落とされている。アジャイルは効率や速さを向上させるための運用改善とみなされることが多い。だが、アジャイルの旅を成功させるには、単に人がどう協力しあうかだけでなく、顧客のためにどう協力しあうかが重要なのだ。

　本当の意味で顧客を仕事の中心に置くということは、何を届けるのかといった具体的なことを考える前に、彼らのニーズやゴール、経験について考えることにほかならない。これは、プロダクトマネージャーがよく言うように、作成する**アウトプット**について考える前に、顧客に届ける**成果**にフォーカスすることを意味する。顧客の経験すべてを理解し、それを起点として仕事をしよう。そうすれば、意外な機会を発見したり、忙しく見えるだけの見せかけの仕事を少なくしたり、顧客が望むものを以前よりも早く届けたりすることができる。

　顧客中心主義を実現することで、アジャイルチームは顧客と会社の双方により良い成果をもたらし、プロダクトエンジニアリングチームを超えてアジャイルを拡張できる共通言語を作り出す。IBMのCMOであるミッチェル・ペルーソは、顧客中心主義こそがIBMのアジャイルマーケティング変革の中心であり、それが組織全体に共通の目的意識をもたらす上でどのように役立ったのかを説明してくれた。

　　私のアジャイルについての考え方の１つは「顧客を前面かつ中心に据えて
　　いるか？　顧客体験が仕事に対する考え方を後押ししているか？」という
　　ものです。これはデザイン思考の原則でもあり、顧客のいちばん重要な
　　ニーズについて考えるように促すものです。顧客中心主義の共通原則は、
　　アジャイルマーケティングチームとデザイン思考トレーニングを受けた
　　チームをうまく連携させたものの１つです。

　この例が示すように、顧客中心主義は役割、チーム、職能を越えて組織を一体にして連携させる概念だ。顧客中心主義によって目的意識を共有し、ツールセットや手法に関係ない共通の成功の基準がもたらされる。そして、顧客中心

主義は私たちの主要な目標を「上司を幸せにする」から「顧客を幸せにする」へ変えるのにとても役に立つ。キャピタル・ワンでチームをコーチする経験豊富なアジャイル実践者であり、教育者でもあるレーン・ゴールドストーンが、重要な人に着目することが「完成」を定義する上でどう役立つかを説明してくれた。

> 多くの場合、アジャイルは速度に焦点を合わせていて、成果の品質には焦点を合わせてはいません。速度を速くすることはできても、重要なことが何もできていないこともあります。ビジネスのステークホルダーは顧客の代理ではありません。それが理解できるような構造で、アジャイルに取り組まなければいけません。顧客価値が実現できるような形で「完成」を定義しなければいけないのです。

　「ビジネスのステークホルダーを幸せにするもの」と「顧客に価値をもたらすもの」の大きな違いに注意してほしい。アジャイルの顧客第一アプローチでいちばん難しいのは、これら 2 つが必ずしも常に一致するわけではないことを認識し、同僚やマネージャーに顧客のニーズとゴールが生命線であることを伝えることだ。

　アジャイル実践者のなかには、単に「私たちの顧客」ではなく「顧客価値」または「顧客体験」から始めるよう主張する人もいる。これは、組織にいちばん響く言語とアイデアをもとにして、原則をカスタマイズした良い例だ。同じように、チームや組織が「顧客」ではなく「ユーザー」にサービスを提供しているなら、顧客中心主義ではなくユーザー中心になるように原則を簡単に見直すことができる。多くのマーケティング部門がそうであるように、新規顧客の獲得に集中している場合、「現在および見込みのある」顧客から始めるよう示すことができる。どのような言語を選択するかはあなた次第だ。重要なのは、組織を超えて、あなたが奉仕する人たちに目を向けることから**始める**ことだ。

3.1　組織重力の第 1 法則からの脱却

　顧客中心主義という一般的な考え方は、現代のビジネスの規範になっている。すべての組織は顧客第一、顧客中心、または「顧客重視」でありたいと願っているし、すでにそうなっていると主張する。だが依然として、組織は顧客と歩調を合わせるのに苦労していて、従業員は顧客よりも上司の考えていることに関心を持っている。とはいえ、経営理念や年次の意見交換会がどうあれ、本当の意味で顧客中心主義の仕事をするよう組織が従業員に促すのはとても難しい。

　理由は**組織重力の第 1 法則**に由来する。組織に属する個人は、日々の責任やインセンティブと整合性がなければ、顧客と向き合う仕事を避ける（**図 3-1**）、というものだ。つまり、組織のリーダーは顧客中心主義について望むことすべてを口にすることはできるが、顧客からの学習が目標を達成する重要なステップであると組織のみんなが認識しない限り、その美辞麗句は行動に至らない。

　スケジュールや予算などの企業由来のゴールで評価される個人にとって、顧客に向き合うことはせいぜい気を散らすだけか、最悪の場合、危険になることさえもある。結局、顧客と過ごす時間は、プロジェクトを終わらせるための実作業をしない時間だ。また、顧客によって既存の計画が複雑になったり、元の想定を見直したりすると、少なくとも企業の観点では、進行の遅れにつながる可能性がある。組織のほとんどの人たちにとって、日々の仕事のなかで顧客中心主義の仕事を今すぐ優先する理由などないのだ。

　実際多くの場合、組織内で顧客と直接やりとりするのは、UXや顧客サポートの担当者など、日常業務の一部として顧客とやりとりするタスクを持っている人だけだ。そして重要な決定が下されるときに、このような人たちがその場にいることはめったにない。実際、組織のシニアリーダーが顧客中心主義に賛同する一方で、組織図上いちばん離れた人たちに顧客中心主義の仕事を押し付けるのは珍しいことではない。また、マーケティング部門の多くは、顧客中心主義を支持しつつも、顧客調査を外部ベンダーや代理店に委託している。つまり、

意見や行動がビジネスの全体的な方向性にいちばん影響を与える人が、顧客の
ニーズやゴールについて直接的な知識をほとんど持たない人であることが多い
のだ。

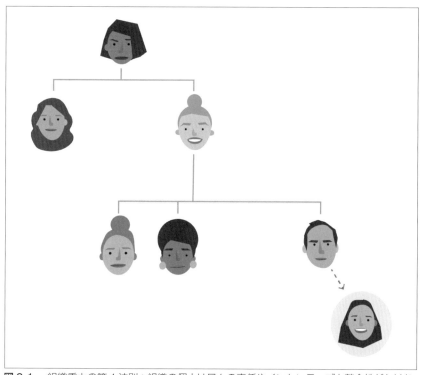

図 3-1　組織重力の第 1 法則：組織の個人は日々の責任やインセンティブと整合性がなけれ
ば、顧客と向き合う仕事を避ける。右下にいる顧客と直接やりとりする従業員から
離れた場所に組織図があることに注目してほしい。

　顧客中心主義を培おうとする組織にとって、これは巨大な障害だ。そして、
これは時間と共に複雑になっていく。リーダーが直接的で邪魔の入らない形で
顧客と交流できなくなると、急速に変化する顧客のニーズやゴールに対応す
る力がますます弱くなる。そのような組織がアジャイルプラクティスの実践に
成功したとしても、本当の意味でのアジリティは達成できない。意思決定者と

ニーズやゴールを持っている顧客が遠すぎるのだ。

　一部の組織では、顧客サポートの責任を職能や階層をまたいで共有することでこの問題に対処している。Drift のプロダクト担当 VP であるクレイグ・ダニエルは、彼の組織がどのように顧客との直接のやりとりを全員の仕事の一部にしたのか、それによって価値あるプロダクトや機能を提供する能力がどのように改善されたのかを説明してくれた。

　　顧客の前に人を集めると、何かが起きます。みんな巻き込まれるのです。問題は、どのようにそれを実現するのかです。ほとんどの組織は、組織が成長すると階層を増やし、ほとんどの人たちは顧客とのインターフェイスをまったく持たなくなります。考えてみれば、まったく理にかなっていません。

　　私たちは毎日顧客と話します。私たちはチャットの会社なので、やりとりにはチャットを使います。すべての従業員に、顧客のチャットに直接答えるシフトを入れる義務があります。そうすることで、全員が確実に顧客の近くにいるようにするのです。また、チャットを統括して対応の優先順位を決めるカスタマーアドボケイトをすべてのプロダクトチームに組み込みました。

　　このアプローチの結果、いつも何かが仕掛り中になってしまいました。ですが、顧客にとって非常に重要な大小の機能を一貫して出荷することができています。顧客を知ることは全員の仕事であり、顧客について話すための会議を開く必要などありません。プロダクトマネージャーは、週に 10 人くらいの顧客と話します。エンジニアは、週に少なくとも 1 人の顧客と話します。顧客にとって重要なものという基準で作業に優先順位をつけて進めているので、リリース日や期限に遅れることはありません。

　この例は、顧客中心主義についての会話でしばしば失われてしまう重要な点を示している。顧客から直接学習するために多くの時間を費やすことは、顧客が本当に欲しいものを推測したり議論したりするのに使う時間を減らす必要があることを意味する。顧客との会話や顧客からの学習は投資対効果が高いことを理解して認めることが、組織が組織重力の第1法則を乗り越え、顧客中心主義を実現する上で重要だ。

3.2　顧客視点で速度を見る

　アジャイルはあらゆる形や規模の組織に破壊的な影響を及ぼすとよく誤解される。だが、アジャイルは実行速度を向上するだけだ。本書全体で見ていくとおり、アジャイルの基本原則を実践することは、多くの場合、顧客を理解してチーム間で知識を共有しそれを作業に反映するために時間をかけることを意味する。会社の視点で見ると、これは減速に見えるかもしれない。だが、アジャイルの原則に本当に沿っているのであれば、私たちは顧客の視点から速度を計測しているはずだ。

　顧客の視点から速度を見るとはどういう意味だろうか？　私たちが答えるべきいちばん重要な質問は「多くの作業をどれくらい迅速にこなしているか」ではなく、むしろ「どれだけすばやく顧客に価値を届けられるか」だ。Spotifyのグロースマーケティング担当VPのマユー・グプタは「アジリティは実行速度ではなく、顧客のニーズにもとづいて変化したり進化したりできる能力で計測する」と語った。

　実際には、これは「短い時間でどれだけ多くの作業を完了できるか」ではなく「どうすれば顧客のいちばん重要な問題を可能な限りすばやく解決できるか」を聞いているのだ。プロダクトデザイナーであり研究者であるアンナ・ハリソン博士は、顧客中心主義の規律がどのように経営上の野心に対抗できるかを示す

仮説のシナリオを説明してくれた。デジタル水鳥[†1]を作っている会社で働いていると想像してほしい。研究と調査の結果、私たちの顧客はアヒルの購入に主な関心を持っていることがわかった。しかし、エンジニアチームと話すと、デジタルアヒルを作る時間とほぼ同じ時間で、アヒル、ガチョウ、白鳥が選択できるシステムを作れるという反応が返ってきた。これはかなりよさそうに思える。時間は少し余計にかかるかもしれないが、3倍の水鳥を提供できるようになるからだ。

　ユーザーが3種類の水鳥から選択できるようになるのは、私たちの観点では付加価値があるように見える。だが顧客の視点で見ると、しなければいけない意思決定や作業が増えてしまっている。つまり、価値の提供が遅くなっているのだ。ほかの選択肢を見て、デジタルアヒルを買うのに本当にふさわしい場所なのかを顧客が疑問に思ってしまうかもしれない。それどころか、今回は買うのをやめようと考えて、購入を止めてしまうかもしれない。

　アヒルしかない状態でプロダクトをローンチした場合、幅広い水鳥のなかから選べるようなオプションを顧客に提供したいとあとから気づくかもしれない。もしくは、顧客は主にアヒルの購入に関心を持っているが、ほかにもデジタル池のアクセサリーの購入に興味を持っていることがわかるかもしれない。結局、将来どのような道を進んだとしても、私たちは価値がはっきりしているものをすばやく提供できるように、作業に優先順位をつけるのだ。

　顧客視点で速度を見ることで、作家でありコンサルタントのメリッサ・ペリが「ビルドトラップ」(https://bit.ly/2yi2v7R)(**2章**で説明しているフレームワークトラップも、これにヒントを得ている)と呼んでいるものから逃れることができる。これはアジャイルでありがちな落とし穴だ。

　　どれだけたくさん作ったとしても、会社の成功は保証されません。作る
　　こと自体は、プロダクト開発プロセスの簡単な部分なのです。何を作る

---

†1　訳注：水鳥は英語でWaterfowl。ウォーターフォールの発音と似ている。

のか、どうやって作っていくのかが難しいのです。それなのに、各スプリントが始まる前の数日〜1週間くらいしか設計や仕様化の時間を取っていません。コードを書くのに多くの時間を使うため、調査や実験を完全に無視してしまっているのです。

　つまり、アジャイルを今までと同じことをうまく速くやる方法とみなすのであれば、顧客が違うものを欲しがるかもしれないという本当のリスクは決して軽減されていないのだ。

　ビルドトラップは、ソフトウェアプロダクトを提供していない人にとっても油断できないことに注意してほしい。ドナーウイスパー（https://bit.ly/2DYWpzA）で知られるレイチェル・コリンソンは、イギリスの非営利団体で働くアジャイル実践者だ。彼女は、アジャイルの顧客中心の原則がどのように団体を変革したかを説明してくれた。

　　慈善団体では、長い調査レポートをまとめ、デザイナーと何年もの時間を使ってサイトを立ち上げてレポートを公開し、自分たちの活動を世に広める、といったことをよくやります。そのレポートが大きなインパクトを与えることを期待しますが、ほとんどの場合そうはなりません。ですが、慈善団体の基本的な目標を達成するというのは、単に組織的に何かを行い、締め切りまでにそれを世に出すということではありません。「このレポートは必要だろうか」と自問する必要があります。「どのような問題を解決しようとしているのか？　誰のためで、ニーズは何なのか？」といったユーザー中心設計の原則をもとに考える必要があるのです。

　　資金調達でも同じことが言えます。メディアのあいだでは、慈善団体の資金調達方法に対する非難が増えてきています。その慈善団体がどれだけ役に立つのか、そもそも団体は本当に存在しているのか、問題の根本原因に目を向けなくてよいのか、飢えた人たちに食料を与えればよいの

ではないかといった疑問が投げかけられます。多くの非営利団体は、「新しい資金調達の方法を考えるべきだ」とは言わずに、罪悪感をあおる手紙をできるだけたくさんの人に送るという従来のやり方に力を入れています。こういった組織では、何か月もかけて、文章をどうするかに悩み、写真を正しいものにし、完璧なデザインにしようとしています。そして、ダイレクトメールを送って、結果を分析し「ああ、期待したほどうまくいかなかった」と言うのです。ですが、寄付者の視点からすると、いくら非営利団体が写真やテキストに時間と労力をかけようと、ダイレクトメール自体が根本的に悪い体験なのです。

私がしようとしているのは、寄付者の声に耳を傾け、どうすれば私たちのしていることを寄付者の目標やニーズと合致させることができるのか、という大きな質問をすることです。そして、それをもとにMVC（Minimum Viable Campaign）をテストします。結果の反応がよい場合だけ、規模を拡大したり、中身を洗練したり、正式に公開したりするのです。これは難しいセールス活動ですが、この方法しかうまくいかないのです。

　この話が示すように、あらゆる種類の組織は、顧客（この場合は寄付者）が本当に望んでいない場合でも、過去と同じやり方を選択する傾向がある。このような場合、動作の「速度」は究極的には無関係だ。したがって、アジャイルの旅の中心に顧客中心主義への明確なコミットメントを据えることが重要になるのだ。

3.3　「動くソフトウェア」のその先

　アジャイルソフトウェア開発宣言には、速度を顧客価値の作用として解釈する方法が記されている。

包括的なドキュメントよりも動くソフトウェアを

　アジャイルのアプローチに批判的な人たちの多くは、アジャイルはすべての
ドキュメントを永久に破棄する無秩序な命令だと誤解している。だが、このア
ジャイルの価値観の意図は、実際はとても明快だ。それは、**顧客にすぐに価値
を届けられるものに焦点を合わせる**というものである。包括的なドキュメント
は進ちょくしているように感じられる。だが、顧客が実際に使ってみるまでは
進ちょくしているとは言えないのだ。

　アジャイルソフトウェア開発宣言が「動くソフトウェア」と指定していること
で、アジャイルはソフトウェア開発者専用であり、組織のほかの部分に拡張で
きないという誤解を与えてしまっている。だが、**表 3-1** が示すように、すべての
種類のプロダクトや成果物は「動くソフトウェア」に相当する。顧客が直接触っ
て、ニーズやゴールを満たしているかどうかを確認できるものすべてが当ては
まるのだ。

表 3-1　さまざまな種類の成果物

成果物の種類	「動くソフトウェア」	「包括的なドキュメント」
ソフトウェアプロダクト	MVPまたは動作するプロトタイプ	プロダクトの仕様またはドキュメント
マーケティングキャンペーン	SNSでのメッセージテスト	年次マーケティング計画
書籍	サンプルの章	企画書
家の設計	VRを使ったウォークスルー	青写真
ケーキ	試し焼き	レシピ
プレゼンテーション	ラフなスライド	文字による概要

　このように「動くソフトウェア」を定義するときに幅広いアプローチを取るこ
とで、顧客に本当の価値をもたらさない中間状態に費やす時間を減らすことが
できる。代わりに、「顧客が実際に使えて、私たちがそこから学べるものは何

か？」という質問をするのだ。リーンスタートアップの世界では、このアプロー
チはMVP（Minimum Viable Product：価値のある最小のプロダクト）と呼ばれ、
プロダクトの開発以外にも使える。

　例として、同僚向けのパワーポイントのプレゼンテーションを作る場面を想
像してほしい。まずは何も考えずにワードを起動し、全部を網羅した長いアウ
トラインを注意深く作り始める。そして1週間後、フィードバックをもらうため
に数人にそれを見せる。箇条書きはわかりやすく、情報の構造はかなり論理的
に見える。あなたはほっと胸をなでおろす。あとはアウトラインをもとにスライ
ドを作るだけだ。

　プレゼンテーションの前夜、アウトラインをスライドに流し込む作業を始め
る。そして、入念に作り込んだテキストが、ビジュアル的に魅力のあるスライ
ドにならないことにすぐに気づく。だが、すでに時間を使い果たしていて、プ
レゼンテーションは明日に迫っているので、このままやるしかない。翌日、ノー
トPCを会議室の画面につなげてプレゼンテーションを始める。会議室を見渡
すと、みんな小さな文字のかたまりを理解しようとして顔にシワを寄せている。
そこで突然、参加者の立場になって考えると詳細すぎるアウトラインには何の
意味もないことに気づく。時間とエネルギーの大半を費やした包括的なドキュ
メントは、進ちょくしている気分や達成感をもたらしてくれるかもしれない。だ
が、参加者が実際に体験するものとは、危険なくらい分断されていたのだ。

　次に、動くソフトウェアのアプローチで始めた場合を想像してほしい。詳細
で具体的なアウトラインに1週間を費やすのではなく、1日か2日かけてドラフ
トのスライドやビジュアルなどを作る。同僚には、参加者が見ることのない理
解しにくいテキストを何ページか読んでもらうのではなく、ドラフトのスライ
ドを見てもらって、その反応から学習する。このとき顔にシワを寄せていれば、
それは失敗のしるしではなく、価値ある対応可能なフィードバックになる。つ
まり、参加者の体験にできる限り近づくところから始めていれば、手遅れにな
る前にその体験を理解して改善できるのだ。

　顧客や参加者を起点に始めて、そこから戻るように作業することで、動くソ

フトウェアから外れてしまう顧客体験を理解するのに役立つ。どんなによくで
きたプレゼンテーションでも、発表会場が窓のない陰鬱な部屋だったとか、ま
してやスクリーンのアダプターを誰も持っていないなんてことになれば、失敗
に終わるだろう。**表3-2** に示すような状況に応じた問題を検討することで、動
くソフトウェアが顧客体験にどう適合するか理解できるようになり、以前は考
えもしなかった体験の改善の手段を講じられるようになる。

表 3-2　　動くソフトウェアを拡張して顧客体験を含める

成果物の種類	検討すべき顧客体験	動くソフトウェア	包括的なドキュメント
ソフトウェアプロダクト	インストール/試用、ほかのソフトウェアを同時に使うとき	MVPまたは動作するプロトタイプ	プロダクトの仕様またはドキュメント
マーケティングキャンペーン	パーソナライズ、プラットフォーム全体の体験	SNSでのメッセージテスト	年次マーケティング計画
書籍	紙とデジタル版、書体	サンプルの章	企画書
家の設計	隣人、仕上げとアクセサリー	VRを使ったウォークスルー	青写真
ケーキ	トレイを給仕する、飲み物をつける	試し焼き	レシピ
プレゼンテーション	部屋、技術的なセットアップ	ラフなスライド	文字による概要

　この幅広い顧客体験を第一とするアプローチを採用すると、ビジネスを成長
させる思いもよらない領域を特定するのに役立つことが多い。私が気に入って
いる例の1つにフェンダーがある。フェンダーはプロダクトの提供を縮小し、
ギターの購入と演奏の学習に関するすべての体験を理解することでビジネスを
成長させた。フォーブスのインタービュー（https://bit.ly/2ydVmpf）で、フェ
ンダー CEOのアンディー・ムーニーは初心者ギタリスト向けのFender Play学
習プラットフォームを作るに至ったユーザー調査について語っている。

　2年ほど前、新しくギターを買った人についてたくさんの調査を実施しました。私たちはデータに飢えていましたが、使えるデータがあまりなかったためです。調査によって、毎年販売しているギターの45%は、初めてギターを演奏する人が購入していることがわかりました。私たちの想像よりもはるかに高いものでした。初めて演奏する人のうち90%の人たちは、最初の90日ではなく、最初の1年で演奏をやめてしまっていました。残りの10%の人たちも、生涯楽器に取り組んでいるわけでもなく、ギターやアンプを複数所有することはありませんでした。

　私たちが最後に見つけたのは、新しく楽器を購入した人は楽器の4倍のお金をレッスンに使っているということでした。ここから多くのものが形になりました。学習のトレンドがオンラインに移行しており、これまで考えたこともないような独立したビジネスチャンスがあると感じたので、Fender Playを作ることを決意したのです。

　この例は、どのような名前であっても、本当のアジャイルアプローチでは顧客体験全体を明確に理解するところから始めなければいけないことを示している。この理解のおかげで、昔からある事業が競争の激しい業界で大きく方向転換することができたのだ。現在フェンダーは楽器産業全体と比べて急速に成長している。

　顧客体験をさまざまな角度から考えれば、顧客中心のプラクティスの欠如を擁護するかのような有名な言葉にコンテキストを設定できるようになる。1998年のビジネスウィークのインタビューで、スティーブ・ジョブズは「多くの場合、人は形にして見せてもらうまで、自分が何を欲しいかわからないものだ」と主張した。本当にヘンリー・フォードの言葉なのかは疑わしい[†2]が、「もし顧客に何が欲しいか聞いていたら、もっと速い馬が欲しいと答えていただろう」とい

[†2]　2011年にハーバードビジネスレビューは、フォードがそのような発言をしたという記録はどこにもないと報じた（https://bit.ly/2O3ZwL2）。

う言葉もある。

　一見すると、これらの言葉は同じような話をしているように見える。彼らに言われるまでもなく、iPhoneや自動車のようなある種のイノベーションは、非常に革新的で**新しい**ので、顧客はそれを想像したり要求したりはできない。だが、ユーザー調査をしている人がみんな言うように、顧客に何が欲しいか聞くことと顧客から学ぶことは同じではない。顧客体験をより広い視野で見るようにしよう。そうすれば、「馬をどれくらい速くしたいのか」、「折りたたみ式携帯電話にどんな機能が欲しいか」、もしくはフェンダーの例のように「何色のギターを買いたいか」といった既存の延長線上のような質問にとどまらずに済むようになる。

　これら2つの有名な言葉を額面どおりに受け止めても、実際のところ顧客中心主義に反するものではない。実際、自動車とiPhoneの成功をふりかえってみると、顧客のニーズとゴールを幅広く理解したまったく新しいソリューションだ。

3.4　アジャイルプラクティスの探求：スプリントでの作業

　アジャイル手法全体を1つのプラクティスに集約するとしたら、それは**タイムボックス化したイテレーション**で作業することだと言えるだろう。これは、スプリントと呼ばれることが多い。あらかじめ決まった短い時間のスプリントごとに、動くソフトウェアを届けることに合意する。チームが作った動くソフトウェアに対するフィードバックを集めて、それを以降のスプリントの作業に取り込む。本章の前半で説明したように、動くソフトウェアは実際のソフトウェアである必要はない。これは作ろうとしている顧客体験にできるだけ近いレプリカでも構わない。

　抽象的思考の練習としても、スプリントは非常に強力なツールだ。6か月のプ

ロジェクトの中盤に、あと2週間しか時間がなくなって、それでも実際に顧客に何をリリースするか決めなければいけない状況を想像してほしい。最初に計画したうちのごく一部だけを完成させて、それを洗練するだろうか？　それとも、機能を削ってでも全体をなんとかして作って、洗練は後回しにするだろうか？　どちらの場合も、重要で信じられないほど難しい質問をすることになる。実際に顧客に何かを届けるための時間が少ししかなかったとしたら、**何を届けるか**である。

　この質問を起点として、次々と厄介な問題が起こる。どうやって大きな計画をわかりやすい断片に分解するか？　2週間で実際に達成できることをどうやって正確に見積もるのか？　顧客が実際に求めているものをどうやって知るのか？　そもそも顧客は誰なのかについて時間をかけて真剣に定義したのか？

　それぞれのアジャイル手法やフレームワークに含まれるプラクティスは、この質問に答えるように作られている。だが、初めてアジャイルにアプローチする多くのチームや組織にとって、これらの簡単な質問をするだけで、これまで疑問を持つこともなかった仮定が明らかになる。また、非常に短いスプリントで働くことは、これらの質問を定期的に行うとともに回答の変化に備えなければいけないことを意味する。**図 3-2** が示すように、スプリントのおかげで、変化の激しい顧客のニーズを適切に反映し、作業とやり方を頻繁に調整する機会が得られる。

　プロダクトチームにスプリントでの働き方を紹介し始めたとき、実際に受け取った反応のなかでスプリントの期間の短さを指摘するものはほとんどなかった。それよりも、各スプリントで顧客からフィードバックを得る必要があるという考えについての反応が多かったのだ。「2週間しか作業する時間がないのに、どうやって顧客からフィードバックをもらう時間を作るんだ？」という言葉をよく耳にした。

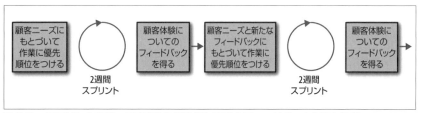

図3-2　スプリントを使って定期的に繰り返し顧客のフィードバックを取り込む。

　これらの会話は、本章で説明した組織重力の第1法則を理解するのに役立った。あまりにも多くの組織で、顧客との直接のやりとりが時間をかけてまで行う重要で価値のあることだとみなされていない。残念ながら、アジャイルが短時間で多くの作業を終わらせる手段であるという考え方は、この思い込みを強くすることが多い。結局のところ、単に多くの仕事を終わらせることが私たちのゴールなら、作る時間を犠牲にしてまで、どうして顧客との会話に時間を浪費するのだろう？

　その答えはもちろん、最終的に私たちが作っているものが成功するかどうかを決定するのが顧客だからだ。ここで原則と実践の関係が非常に重要になる。「スプリントと呼ばれる2週間サイクルでの作業」は原則でも価値でもない。**図3-3**に示すように、単に作業を2週間のチャンクに分解しても、アジャイルの価値と原則に従っているわけではない。どちらかといえば、「アジャイルをする」というチェックボックスに表面的にはチェックをしつつも、顧客から遠ざかって変化に抵抗するようになるだけだ。

　大規模な計画を、顧客を含まない2週間のチャンクに分割したところで、スプリントで仕事をしていることにはまったくならない。相変わらずビジネスに見せかけのアジャイルを適用しているだけだ。

　スプリントで仕事することを選んだときに、アジャイルの原則の1つ目の項目に忠実かどうかを確認するヒントをいくつか紹介しよう。

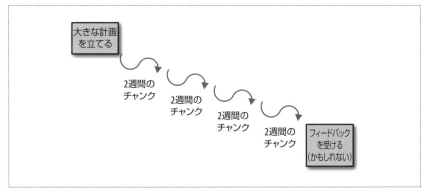

図 3-3　2 週間のチャンクによる大きな計画の分割。だがこれはスプリントで仕事をしていることにはならない！

顧客のフィードバックをすべてのサイクルで必須にする

スプリントを顧客中心主義のゴールに合わせるいちばん簡単な方法は、顧客からのフィードバックの収集がすべてのサイクルで不可欠で避けられない部分であることを確認することだ。最初は気が遠くなるように思うかもしれないが、スプリントの時間的制約を有効に活用する数ある方法のうちの 1つだ。顧客に使う時間を優先することは、この時間の価値を高め、「生産」に使っていない時間が無駄に見える状況を回避するのに役立つ。

自分たちの「動くソフトウェア」の定義を見つける

各サイクルの終わりに届けてテストするものは何だろうか？　それは取り組もうとしているものの顧客体験全体を理解するのにどのように役立つだろうか？　チームが行う仕事次第で、これらの質問に対する答えは大きく異なるだろう。「完成」が何を意味するのかを間違って仮定したまま進めることのないように、事前に時間をかけて話し合うようにしよう。

今やった仕事を捨てる覚悟をしておく

スプリントで作業するそのほかの利点として、作り始めたものが顧客のニーズに合わないことを学習した場合、無駄なコストが最小限に抑えられるこ

とがあげられる。これを腹落ちさせるのは難しいかもしれないが、作業は顧客にとって価値がなければ組織の価値にもならない、ということをみんなに理解させる上で重要な一歩になるはずだ。以前のスプリントの作業を気楽に捨てているなら、それは、作る速度よりも顧客の学習を重視していることを示している。こうなっていれば確実に正しい方向に進んでいると言える。

細部にとらわれすぎないようにする

一緒に働いたチームのなかには、最初はスプリントの作業にコミットできないチームもあった。そもそもスプリントの長さをどうするべきか、それぞれのスプリントの作業をどう見積もるのかも合意できなかったためだ。これらは重要な質問だ。だが、正しい答えは多くの試行錯誤によってのみ明らかになるし、時間とともに答えが変わる可能性もある。どこから始めるかを決めて、計画どおりいかなくても調整する機会がたくさんあることを明確にして進めていこう（詳細については **5 章**で説明する）。

いつもどおりに、アジャイルの原則に軸足を置くことで、すべてのアジャイルプラクティスを意味ある形で実践するのに役立つはずだ。USA and SyFy networksのブランドカルチャー担当シニアディレクターであるジェニファー・カッツは、原則優先のアプローチをスプリントに適用することが、番組制作のような大規模で主観的なプロジェクトでも同じように価値があることを説明してくれた。

スクラムトレーニングはとても目をみはるものでした。日々のワークフローが流れるようにするために、多くのプラクティスを私たちのビジネスに組み込めることがはっきりとわかりました。ソフトウェア開発者の場合であれば、コードを書いたらすぐにフィードバックを得られるようになります。私たちの場合、従来のフィードバックサイクルは大きく違っていました。番組の公開までにすべての作業を行い、放送までは

キャンペーンに投じたすべての作業がうまくいって視聴者を呼び込めたかどうかを実際に確認する術はありませんでした。

私たちはこの反復的なアプローチを学ぶことにワクワクしていました。これを使えば、すばやく学習や失敗をして、そこから学んだことをチームに還元できると思ったからです。このような反復的なアプローチは、視聴者にとっても良いことです。視聴者はもはや直線的に視聴しているわけではありません。さまざまなチャネルにいろいろな方法でアクセスして視聴するのです。30 秒の宣伝を作って、それをさまざまなプラットフォームに横展開する時代は終わりました。視聴者の視点や経験、視聴者がコンテンツをどこで消費するのかといったことを総合的に考える必要があるのです。これは私たちにとって大きな学習曲線で、ここにいる全員が少しずつ違う考えを持っています。そこで必要になったのが、より柔軟な作業システムなのです。

私たちが学んだことの 1 つは、チームや組織のニーズにあわせてシステムをカスタマイズする必要があるということです。トレーニングを受けた私たちのグループは、アジャイルの哲学とプラクティスを見てこう言いました。「私たちの環境では何がうまくいくだろうか？　多くの階層があって、プロセスを移動できないこともわかっている。アジャイルプラクティスに合うやり方でそれを回避するにはどうしたらよいだろうか？」。結論は、ドラフトをみんなに共有して安心してもらうことでした。キャンペーン資料を承認してもらうために長い待ち行列に並ぶ代わりに、意思決定者にもっと早期から頻繁にすばやく渡すのです。そうすれば、すべての作業のあとに全部やり直す必要がなくなります。

　この話が示すように、スプリントベースの作業の背後にある基本的な考え方は、ソフトウェア開発以外にも適用可能だ。長期間の固定スケジュールのなかでプロジェクトに取り組んでいる場合でも、顧客体験をもっと全体的に想像す

る方法を探し続けることはできるし、頻繁に体験についてフィードバックを収集することができるのだ。

3.5　この原則をすばやく実践する方法

　顧客中心主義というアジャイルの原則を実践していく上でできることを、チームごとに見ていこう。

マーケティングチーム

- 顧客インサイトを巨大なパワーポイントで提供する習慣をやめて、小さくても構わないのでタイムリーな顧客インサイトを頻繁に提供する。
- たとえ街角やコーヒーショップで誰かと話をするだけだとしても、建物から出て直接顧客と対話する。

セールスチーム

- プロダクトやマーケティングの担当者に簡単なメールを送って、失敗に終わった電話や失注から得られるインサイトを集め、変化し続ける顧客ニーズに関する理解を共有する。

経営幹部

- 顧客の実際のニーズや目標を深く理解するために、サポートチャネルや顧客からのフィードバックを直接もしくは間接的に確認する。
- 「顧客中心主義」というレトリックに加えて、顧客中心主義の実際の仕事を公に認めて報いる。

プロダクトエンジニアリングチーム

- 開発サイクルの一環で、実際の顧客と一緒にプロダクトを使ってみる。
- 顧客に届ける価値を明確にしてから、新しいプロダクトやアイデアに取り

かかる。

アジャイル組織全体

- 顧客体験全体を深く理解するために、自分たちのプロダクトやサービスを使用する習慣を身に付ける（このプラクティスは「ドッグフーディング」と呼ばれることもある）。

3.5.1　良い方向に進んでいる兆候

顧客に驚かされている

　顧客と始めるということは、私たちが予測だにしなかったことを耳にするようになることを意味する。組織が本当にアジャイルの原則の1つ目の項目を守っていれば、驚くようなことや都合の悪いこと、衝撃的なことを顧客から聞くはずだ。厄介かもしれないが、企業中心主義のパターンを打破して、顧客駆動によって成長する新しい機会を得たという確かな証拠になる。

　この勢いを維持するには、次のようにしよう。

- 新しい驚くような顧客インサイトをできるだけ広く共有し、ビジネスのさまざまな人たちにインサイトの影響を質問する。
- 顧客からの驚くようなフィードバックをきっかけにして、顧客のニーズとゴールを達成する新しくてワクワクするような方法について対話を始める。
- 顧客から受け取った新しい情報を既存のプロダクトやプロジェクトに組み込む方法について、簡単なモックアップやプロトタイプを作って共有する。

組織のリーダーやチームリーダーが会議で顧客中心の質問をしている

　組織のリーダーがアジャイルの原則を損なう方法はたくさんある。その1つが「この変更を顧客はどう感じているだろうか？」といった顧客中心の質問とは対照的な質問、つまり「時間も予算も収まるか？」、「マネージャーは承認したか？」といった企業中心の質問をすることだ。正しい方向に進んでいることがはっきりわかる兆候は、リーダーが顧客中心の質問をしていることだ。顧客の生の声やインサイトを直接参照しているとさらによい。

　この勢いを維持するには、次のようにしよう。

- 会議の議題に正式に顧客中心の質問を含める。
- 組織のリーダーやチームリーダーに、顧客調査に直接参加するように促す。
- こういった質問が出ている会議に、組織のさまざまな部門の多くの人を招待する。

初期のアイデアから実行まで、顧客のフィードバックをすべてのステップに取り入れている

　顧客中心主義に取り組むのは、締め切り間際よりもプロジェクトの最初のほうが簡単だ。たとえば、マーケティングキャンペーンは顧客インサイトから始まるが、代理店がコンセプトを考え始める頃にはそれが忘れ去られてしまうのも珍しいことではない。正しい方向に進んでいることがはっきりわかる兆候は、初期のアイデアから実行まで**すべての作業段階**に顧客からのフィードバックを取り入れていることだ。

　この勢いを維持するには、次のようにしよう。

- 顧客のフィードバックをレビュープロセスで必須にする。
- ベンダー、代理店パートナー、内部のクリエイティブの人たちに、顧客か

らフィードバックを得る機会があったかどうかを質問する習慣を身に付ける。

- 「インサイト概要」を作って、プロジェクトのライフサイクル全体を支え、顧客理解を忘れないようにする。

3.5.2　悪い方向に進んでいる兆候

顧客との直接なやりとりが見下されていたり、外部委託されたりしている

本章で説明したように、顧客との直接的なやりとりが低レベルの仕事とみなされていたり、外部ベンダーや代理店に完全に委託されたりしている場合、組織が本当の顧客中心主義を育むことは非常に難しい。組織の人たちが顧客との直接的なやりとりを避けたり却下したりする場合は、やるべきことがある。

このような状況のときには、次のようにしよう。

- 組織内で顧客と向かい合う作業が低レベルの仕事だとみなされていることを素直に認め、なぜそうなっているのか、それにどう対処できるのかを同僚と率直に話し合う。
- 組織のリーダーやチームリーダーに、顧客と直接的に接する仕事の価値をはっきりと認めるよう促し、目に見える形でその作業に参加してもらうようにする。
- 組織の全員が顧客サポートのような顧客と接するタスクを処理する「シフト」システムを作る（顧客サポートの構造によっては、トレーニングを受けたサポートスペシャリストとの「ペア作業」が必要になる場合もある）。

新しいプロダクトやサービスのアイデアに「革新的」「破壊的」といった枕詞が付いている

　私は、多くの理由で「革新的」とか「破壊的」といった言葉には懐疑的だ。これらの言葉は企業を中心とした言葉だからだ。顧客が選択するのは自分たちのニーズやゴールを満たす体験であって、「革新的」なものや「破壊的」なものを選ぶわけではないのだ。多くの組織は、アジャイルを新しい技術に対応するための方法だと考え、それに魅力を感じている。だが、アジャイルの旅の最終的なゴールは、「革新的な」組織になることではなく、顧客へのより良いサービスの提供であることが重要だ。

　このような状況のときには、次のようにしよう。

- 「革新」や「破壊」といった言葉を組織で使うのをやめて、顧客のニーズやゴールの観点で新しいアイデアを提示するように求める。
- 「革新的な新しいアイデア」が実際に対処する顧客のニーズやゴールを聞く習慣を身に付ける。
- 革新的なプロダクトやサービスのアイデアが顧客に関係あるかどうかを把握するために、すばやく定性的な調査を実施してみる。

組織内に顧客からの良いフィードバックしか流れない

　顧客中心主義の原則ではなくプラクティスだけを採用してしまうと、企業がそもそもやりたがっていたことの正当性を後押しするような顧客フィードバックだけを選択的に利用するといった、間違ったことをしがちだ。目にするフィードバックがポジティブなものばかりだったり、ネガティブフィードバックを「対象顧客外」だとか「単なる荒らし」だとして却下していたりするのであれば、組織は顧客に話しかけてはいるものの、顧客の話を聞いていることにはならない。

　このような状況のときには、次のようにしよう。

- 顧客フィードバックセッション用の簡単なテンプレートを作り、予期していない情報、ネガティブな情報、矛盾する情報を記載できるようにする。
- 顧客インタビューの生の記録やビデオを見て、新しいものや驚くようなものを探す。
- 顧客に複数のバージョンを見せて、どちらが好みかを質問する。そうすることで「ポジティブ」でも「ネガティブ」でもない、方向性を示すようなフィードバックを受け取れる。

アジャイルの旅の進ちょくを適応状況や速度などの運用指標のみで計測している

　本章で説明したように、アジャイルは価値あるソリューションを顧客に届ける速度を向上するように設計されているのであって、いつもと同じ物を作る速度の向上を意図しているわけではない。アジャイルの旅の成功を運用指標だけで計測していて、顧客と向かい合った成功を計測していないのであれば、それはビルドトラップに陥ってしまっている。その場合、顧客やビジネスにほとんど影響を与えないものを作るために、多くの労力を使っている可能性がある。

　このような状況のときには、次のようにしよう。

- 顧客満足度の指標と運用指標の両方を使って、アジャイルへの取り組みの成功を計測する。
- 顧客の視点から速度を見ることについて組織のリーダーと話し合い、顧客のニーズを速く解決することが実際にはアウトプットの速度の低下に感じられるかもしれないことを理解させる。
- 1日、数日、1週間といった期間、生産を「一時停止」して、顧客調査と対話に専念する。

　これは、顧客を第一に考え、運用の最適化よりも顧客のニーズとゴールを優先させるという明確なメッセージになる。

3.6　まとめ：顧客第一！

　理論上は、顧客中心主義は頭を悩ませるようなことではない。だが実際には、私たちの仕事のやり方に大きな変化をもたらす。ときには、自分たちのやっていることとその理由について、深く染み付いた思い込みのようなものを疑うことにもなる。こういった理由から、顧客から始めることが重要になるのだ。**顧客から始める**ことで、絶えず変化し続ける顧客のニーズやゴールを、何を作るか、そしてどう作るかにつなげていくだけの余裕を持てるようにするのだ。

　次の章では、顧客から学んだことをタイムリーに意味あるソリューションに変えるのに役立つアジャイルの2つの原則について説明する。早期から頻繁にコラボレーションすること、不確実性を計画することについてだ。

4章

早期から頻繁にコラボレーションするのがアジャイル

　小さな機能横断チームで仕事をするという考えは、いくつかのアジャイル手法の中核になっている。だが、ほかのプラクティスと同じで、文化的な変化としてではなく運用上の変化として取り入れるほうがはるかに簡単だ。そのため、ほとんどの組織は、自分たちとその顧客にとって、なぜ機能横断で協力しあうことが有益なのか、そしてなぜ今までこれができなかったのかを十分に考えることもなく、組織図にいくつかの点線を追加したり、オープンオフィス計画を実行したりするだけだ。

　この原則の最大の課題はそこにある。同じチームにいたり、共に会議に参加したりしているからといって、必ずしも**協力しあっている**とは言えない。本当のコラボレーションには、主義主張を超えて、オープンであること、弱さを認めること、当事者意識を共有する意欲が必要だ。答えを知る前に質問をし、予想もしなかった答えを受け止める準備が必要なのだ。どんなに時間をかけて会議をしたところで、これを実現できる組織はそう多くはない。

　これこそが、チーム内外で**早期から頻繁に**協力しあうのが第2原則となる理由だ。早期から協力しあっているということは、戦術に落ちてからはもちろん、事前の戦略的な会話においても協力しあうということだ。これによって、まだ見ぬ新しい解決法を発見できる可能性が広がる。頻繁に協力しあっているということは、始めから終わりまであらゆる場面でそういった会話をし続けるということだ。これによって、戦略と戦術がバラバラになることを防ぎ、必要に応じて進路を調整する機会が増える。

　特定のグループ間のコラボレーションに問題があるような組織であれば、近くで働く必要のあるサイロを書き出すことで、ニーズに合わせてこの原則を特殊化できる。「私たちは機能的な役割を越えて協力しあう」とか「プロダクトチームの垣根を越えて協力しあう」と言いたくなるかもしれない。そもそも、どんな意味でコラボレーションと言っているのかを明確にするほうがよい組織やチームもあるだろう。「早期から頻繁に協力しあうようにしよう。仕掛り中の作業を共有したり、答えを知る前に質問したりしよう」と言うのはどうだろうか。やはり、組織のニーズと目標が直接伝わるような表現を探すことが重要だ。

4.1　組織重力の第 2 法則からの脱却

どんなに良い意思を持った組織であっても、つながりやコラボレーションがないことにあ然とする。コラボレーションが企業の経営理念や経営方針として明文化されていても、すぐ近くにいる人たちとしか仕事をしない人は多い。

私はこれを**組織重力の第 2 法則**（**図 4-1**）と呼んでいる。組織における個人は、自分のチームやサイロの心地よさのなかでいちばん簡単に完了できる作業を優先する。すべての組織重力の法則と同じで、このような力に名前がついているのを目にすることはめったにない。だが、この力は現代の組織の働き方に大きな影響を与える。

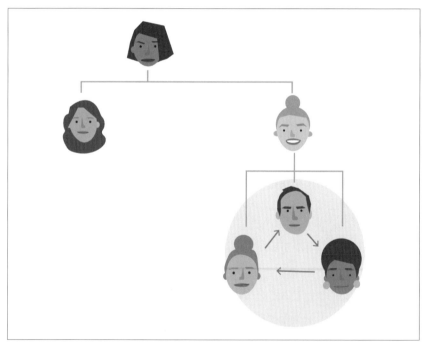

図 4-1　組織重力の第 2 法則：組織における個人は、自分のチームやサイロの心地よさのなかでいちばん簡単に完了できる作業を優先する。右下の重力場が、ある 1 チームのメンバーを互いに近づけたり、組織内のほかの場所にいる同僚から遠ざけたりする様子に注目してほしい。

　自分のチームやサイロの外からのサポートをいちばん必要としない仕事を優先する理由は、それほど理解しにくいものではない。上司にいつまでに必ず終わらせろと言われた仕事があって、それに手こずっていると想像してみよう。ほかのチームからのインプットがあれば、あなたの成果物が良いものになることはわかっている。だが、そのチームのメンバーにも優先順位、目標、懸念すべき締め切りがありそうなこともわかっている。さらに悪いことに、彼らはあなたの仕事を台無しにするかもしれないし、成功したら手柄を横取りする気かもしれない！　つまり、思い切って自分のチームやサイロの外に出るのは危険性が高いということだ。ほとんどの現代的な組織においては、リスクを最小限に抑えることが成功戦略だ。

　いろいろな意味で、アジャイルはこの重力を利用するように設計されている。そのために、チームに権限を与え、自主性を与え、機能横断にするのだ。もし所属する**チームの全員**が、顧客体験の成功が必要な仕事をしているのであれば、顧客にとっていちばん重要な仕事が優先される可能性は高い。だが現実的には、与えられたプロダクトやプロジェクトに関わるすべての人を巻き込むのは、チームの力だけではまず不可能であり、賢明でもない。そのため、組織が正式に小さな機能横断チームに再編成されたとしても、チームやサイロを越えたコラボレーションの文化を作り出すことが依然必要なのだ。

　いちばん分断されていて分散しているチーム間のコラボレーションを組織が促進すれば、素晴らしい結果を得られることが多い。ジョディー・レオは経験豊富なUXの実践者であり教育者でもあり、これまでにNava PBC、アップル、グーグル、ニューヨーク・タイムズなどの組織で働いた経験がある。彼女は私に、ある金融サービス会社がプロダクトチームとコンプライアンスチームをつなぐことで、いかにしてあり得ないような締め切りに間に合わせることができたか説明してくれた。

　2014 年の 11 月、私たちは第一弾となるApple Watchのアプリケーションを作る機会がありました。そのアプリケーションはティム・クッ

クの基調講演で取り上げられることになっていました。こういう機会は
逃すわけにはいきません。しかし、これはほとんど不可能な仕事のよう
に思えました。真新しいプラットフォーム用に何かを作るのに120日の
猶予しかなかったし、そもそもその時点で私たちはまだiPhoneのアプ
リケーションさえ作ったことがなかったのです。経営陣からのメッセー
ジは明確でした。「何をやってもいいから、とにかく実現してほしい」。

奇跡的に、私たちは時間どおりにやってのけました。さらに、それは関
係者を1つにする素晴らしい体験だったのです。いまだかつてこんな経
験をしたことがなかったのですが、コンプライアンス担当者が私たちの
いる場所に一緒にいてくれたのです。これまで、コンプライアンスチー
ムとは距離があり、彼らは常に「ノー」と言って最後の最後で仕事を難し
くするチームだと思っていました。しかし彼らが実際にチームの一員に
なってみれば、彼らとの関係はまるで違いました。彼らは私たちと一緒
にいて、コードに落とす前に設計をレビューし、およそ50%の時間は、
UXの整合性を失わずに何かほかの方法でできないか考えてくれていまし
た。彼らに一緒にいてもらうことでそこまで大きな違いが生まれたので
す。そして、コラボレーションの重要性も明確になったのでした。

　この例からわかるのは、どんなに凝り固まって石灰化したサイロであっても、
早い段階から頻繁に協力しあうことがいかに重要であるかということだ。弁護
士やコンプライアンス担当者などを早い段階から関与させれば、何かを最終的
に決定して「はい」か「いいえ」でしか答えられないようにしてしまう**前に**、複数
の解決方法を検討する機会が得られる。それによって、彼らの意思決定の指針
となる基本的なルールや規制を理解して吸収することが可能になる。そうする
と今度は、コストのかかる法規関係のレビューに必要な時間と、レビューに失
敗したものをやり直すために必要な時間の両方を減らすことができる。これは、
役割やチームを超えたコラボレーションに時間を費やすことで、長期的に大き

な利益が得られることを示す一例だ。

4.2 報告と批評の文化から協調的な文化への移行

　チームや組織にアジャイルを導入することに関心を持つ人たちの多くが、何らかの正式な組織再編をしないことにはコラボレーションを増やすことは不可能だと思っている。それが機能別チームから機能横断チームへの個人の入れ替えにせよ、「分隊」、「部隊」、「支部」、「ギルド」(よく「Spotifyモデル[†1]」と呼ばれるものだ)で行動する多層構造の機能横断システムの確立にせよだ。Spotifyのグロースマーケティング担当VPであるマユー・グプタは、Spotifyモデルが組織図の問題ではなく文化の問題であると説明してくれた。

> Spotifyモデルについて話すときは、ギルド、部隊、支部が中心になることが多いようです。ですが、それは形式的なものに過ぎません。レポートラインを変えるだけでは障壁を取り除くことはできません。本当の機能横断チームがあれば、レポートラインは意味をなさなくなるのです。ビジネスを営んだり問題を解決したりするには、本質的に機能横断的に行わなければいけません。

> 人生やキャリアを重ねていくうちにだんだんわかるのですが、実はこういう変化を起こすのは文化です。私にとっていちばん重要なのはそれです。組織文化なのです。どのように個人を成長させるか、どのように人材を動機付けるか、どのように人材を評価するか、といった文化です。文化が本当の意味で機能横断的になるのは、自分の座っている場所を気

[†1] 訳注：Spotifyモデルの詳細については、ホワイトペーパー (https://blog.crisp.se/wp-content/uploads/2012/11/SpotifyScaling.pdf) または著者許諾の日本語訳(https://lean-trenches.com/scaling-agile-at-spotify-ja/)を参照。

にしなくなり、個人を英雄視するのではなくコラボレーションを認識し始めてからです。最終的に私たちはみんな、自分の業績に対して評価されたいのです。評価がサイロのなかや個人レベルで行われているなら、個人はその評価を求めるようになります。私たちはチームワークを評価しなければいけないし、チームワークを受け入れなければいけないのです。

　Spotify自身にとっても、同社がSpotifyモデルの実現に成功したのは、採用したフレームワークやレポーティングの構造の特質というよりも、同社が培ってきた文化に関係している。暗黙のうちであるにせよ、多くの組織に、一緒に仕事をすることは単に時間と効率の無駄だという考えがある。こういう組織がアジャイルプラクティスを採用しても、「また会議か」の向こうにあるもっと協調的な文化がどんなものであるのか、想像できないだろう。こういった組織は、根本的な文化の転換が必要だ。**報告と批評の文化**から**協調的な文化**への転換である。

　報告と批評の文化とは、チームや職能がそれぞれで仕事をし、会議を開いてその仕事についてほかのチームに伝えるような文化のことだ。この場合、そのチームはすでに終わったことを情報共有することしかできないので、結局、コラボレーションというよりも批評をしているような気分になってしまう。多くの組織では、チームや職能をまたいだ「会議」がこれにあたる。**表4-1**は、報告と批評の文化が、本当に協調的でアジャイルな文化とどれほど大きく異なるかを示している。

表 4-1　報告と批評の文化 vs 協調的でアジャイルな文化

報告と批評の文化	協調的でアジャイルな文化
会議はとっくに終わっている成果をアピールする機会。	会議はアイデアを共有し仕掛り中の仕事について決定する機会。
ほかのチームの人との相互作用は非効率で、戦術的依存関係が解決されるまでは避けたほうがよい。	ほかのチームや職能の人たちとの交流は、潜在的な将来の依存関係や衝突を回避する方法と考えられている。
それぞれのチームがそれぞれ別の、ときには矛盾するゴールを持つ。	各チームの目標は、全社目標と顧客の目標のもとに調整される。
チームの部門と指揮系統は絶対的で変化しない。	プロジェクトのニーズに合わせて、チーム構成や指揮系統を一時的に再編成できる。

　チーム間の目標やインセンティブの不整合によって、報告と批評の文化を発展させてしまう組織もある。たとえば、あるチームがマーケティング活動を通じて獲得した新規顧客の数について説明責任を負い、また別のチームは顧客当たりの平均収益について説明責任を負うとする。最初のチームが手を広げて価値の低い顧客を獲得してしまうと、2番目のチームの成功指標は酷いものになる。不信感が生じた結果、コラボレーションは阻害され、チームが目標を達成できなかったときにお互いを簡単に責めるようになってしまう。

　一般的には、チームやサイロを越えて手を伸ばすのが戦術的な依存関係を急いで解決したい場合だけなら、報告と批評の文化ができてしまう。これでは、ほかのチームは自分のチームの仕事を頓挫させたり複雑にしたりするためだけの存在だという考えがなくならない。誤解が発生しやすくなり、本物のコラボレーションは起きにくくなってしまう。

　結局、報告と批評の文化は、人は誰でもちゃんと完成した素晴らしいものでなければ共有したくないという事実の産物だ。相手が自分たちの日々の仕事の質を直接知らない人なら、なおさらだ。

　報告と批評の文化から協調的な文化への移行は簡単ではない。通常はアジャイルの原則を採用するのと同じで、終わりのある変化というよりも終わりのな

い旅なのだ。しかしこの移行の本質は、コラボレーションが自分たちの目標達成を遅らせたり頓挫させたりするものではなく、目標達成に役立つものなのだと体験する機会を与えることにある。多くの場合、移行の最善の方法は、組織のほかの部門の人たちと連絡を取って、その人たちの具体的な目標や目的について学ぶことだ。その人たちに何かを求めたり、終わらせて磨きをかけてから共有したりするよりも**前に**それをするのだ。コンサルタントで、以前はIBMやSalesforce.comでマーケティングのリーダーを務めていたアラン・バンスは、職能やサイロを横断した１対１の個人同士の関係作りを促すことでより協調的な文化を作ったことについて説明してくれた。

> 私が働いていたある会社では、週次もしくは隔週でプロダクトマーケティングとプロダクトマネジメントの会議をしていました。全部で 10 人のプロダクトマネージャーと６人のプロダクトマーケターがすべての会議に参加していました。アジェンダはありましたが、役に立ってはいませんでした。会議は拷問で、そこから得られるものは何もありませんでした。
>
> 私はアジェンダどおりに誰かが説明するような大きな会議を避けようと思いました。次に働いた会社では、私が相対するプロダクトマネジメントの責任者と意見が一致しました。私たちに本当に必要なのは、プロダクトマーケターとプロダクトマネージャーのあいだで強力な１対１の関係を作ることです。次の会議まで待つ必要なんてありません。いつでもお互いが非公式に話せばよいのです。

　注意してほしいのは、私が話をした多くの実践者たちは、正式なアジェンダのない会議についてさまざまな見方をしていた点だ。このことはまた、本当に協調的な文化に移行するには、チームや組織ごとに異なるステップを踏む必要があることを示している。たとえば、チームが明確な価値を提供していない無

秩序な会議で苦労しているのであれば、正式なアジェンダを使って協調的な意思決定の場を作るのは重要な一歩になる可能性がある。正式なアジェンダのせいで、共有する前に何かを完成させ磨きをかけなければいけないと思い込ませるような組織で働いているのであれば、まったく違うアプローチを取るかもしれない。

　いずれにせよ、手続き的な会議や形式的な会議の枠を超えて、非公式なコミュニケーションの場を広げる機会は常にある。多くの場合、これらの会話を通じて、異なるチームの個人が共通の目標に向けて一緒に作業する機会を見つけることになるはずだ。

4.3　事件の起こる部屋

　コラボレーションというアジャイルの価値を浸透させるために、多くの組織がオープンで柔軟なオフィスにしようと試みている。**アジャイルゾーン**とか**アジャイルシティ**と呼ばれることもある。名前が示すようなエネルギーの満ちた場所になっているかどうか。それを確かめるのに時間を使うのは得策ではない。会話、創造性、コラボレーションで賑わっているアジャイルゾーンもあるだろう。逆に、緊張で息苦しく、居心地の悪さから個人がパーソナルスペースを確保しようと必死になっているゾーンもある。

　その差がスペース自体の差から生まれていることはまれだ。差はそこにいるチームにある。毎日顔を合わせて同期コミュニケーションを使って一緒に仕事をするのに慣れているチームにとっては、アジャイルゾーンは理想的な環境だ。メールのスレッド、Google Docsのコメント、パワーポイントのプレゼンテーションなどを使って非同期でコミュニケーションしているチームにとっては、アジャイルゾーンはあまり役に立たないし、最悪の場合は邪魔ばかり入る場所になってしまう。

　このような非同期コミュニケーションが、いちばんのコミュニケーション手段になっているチームは多い。チーム全員が同じ場所にいたとしてもだ。多くの

場合、その方が簡単に見える。短いメールを送ったり、Google Docsのスレッドに誰かをタグ付けしたりするのは時間もかからない。すでに会議の予定で埋まっている同僚のカレンダーに、さらに会議の予定を突っ込むほど、気が重くはならない。だが、こういった行動が雪崩のように広まって、時間と注意力を浪費してしまう。そして、浪費した時間や注意力を計測するのも難しい。メールのスレッドに数人追加したり、気にしていることを示すためにドキュメントにコメントをつけたりすること自体は大した手間ではない。だが、メールやコメントを受け取る側にとっては、目指す成果が見えず、優先順位がわからないタスクの山が出現したように感じられる。

　こうなると、大した決定がなされないまま、ものすごく時間が浪費される。受信者が20人いるメールのスレッドに巻き込まれたら、決定がなされたかどうかさえ気づくのは難しい。全員の合意が必要なのだろうか？　フィードバックがなければ、承認されたことにしてよいだろうか？　複数の人からのインプットが必要な作業をやっているチームの場合、この曖昧さがチームを止めてしまう。

　本書の執筆のために調査を始めたとき、スコット・ブリンカーが運営するチーフマーケティングストラテジスト[2]というブログサイトのとある記事に圧倒された。コカ・コーラが2006 FIFA ワールドカップ（とその次のワールドカップ）のキャンペーンのためにアジャイルの原則を適用したという記事だった。簡単にまとまると、コカ・コーラは2つの異なるエージェンシーとキャンペーンを実行することにした。1社はデザインで、もう1社は技術面を担当した。両者は、同じエージェンシーの部門同士であったこともあるが、仲違いして分裂し、関係は決して良好ではなかった。キャンペーンを進めるために、コカ・コーラの人たちは両者の代表者を同じ部屋に招き、協力して計画づくりをした。交わされた会話は決して容易なものではなかったが、結果は素晴らしかった。巨大なグローバルキャンペーンがスケジュールを前倒しして完成したのだ。2010 年と

2014年のワールドカップでもアジャイルのアプローチを洗練して、同じように前倒しでさらに洗練されたキャンペーンを実行できた。

コカ・コーラでアジャイル導入を推進し、組織をよりアジャイルなやり方で導いたのはトーマス・スタブスだ。私は彼と話す機会があり、そこで彼は、「温室」のアプローチでチームが協力しあって、納期内に終わらせたやり方について説明してくれた。

とても簡単な原則に従って仕事をしていました。メールやパワーポイントでコミュニケーションはしません。デザイナーとエンジニア、ビジネスオーナーを同じ部屋に集めて、仕事をこなせるようにしたのです。これを「温室」アプローチと呼んでいました。アジャイルについて知る前からこのやり方を使っていました。適切な人たちが集まれば、その場で判断することができ、すばやく前に進むのです。

隣にいて一緒に解決策を考えている人とは、あまりネガティブな仕事関係になることはありません。いつも近くにいる人と会話をするときは、礼儀正しくしようとするはずです。逆に、メールは使い方を間違えると、人を攻撃的にさせてしまいやすいメディアです。アジャイルで使うには史上最悪のツールではないでしょうか。適切でない人たちがCcに加えられ、見る必要ない大量の情報にさらされます。そして、人間は、メールで内容やコンテキストを読み取ったり伝えたりするのは得意ではありません。すばやく判断して動く必要のある状況で、メールとパワーポイントはスピードを落としてしまうのです。

誰が部屋にいるべきかという問いに決まった答えはありません。意思決定者はいるべきですし、人から信頼されているチームリーダーもいるべきでしょう。部屋にいる人数も上限があります。増えすぎると扱いにくく、仕事もできません。何人が正しいかはわかりませんが、10人を超えると小さい部屋のなかの会話がカオスになり、意思疎通が難しくなるで

しょう。ブラジル大会では 10 人にしましたが、今考えると多すぎました。それでも、なんとかやり抜いて、18 か月分の仕事を 6 か月で片付けたのです。

　この例からもわかるように、たとえ人数が多すぎたり適切な人が集められていなかったりしても、同じ部屋に人を集めるだけで仕事が大きく進むことがある。決定の機会を部屋から持ち出さないように習慣づけるために、以下のようなステップを活用できる。

何を決めるかを決める

　人が一緒に過ごす時間をインパクトのあるものにするために、あらかじめ会議で何を決定したいかを考えておく。決定を覆して会議のあとに非同期のフィードバックを求めたくなる衝動をこらえること。たいていは多大な時間を無駄にして、トーマス・スタブスが言うとおり、誤解を生み、感情を傷つけてしまう。「完璧な」決定にたどり着けない場合は、「決定をした結果、自分たちが今置かれている状況よりも良くなりそうか？」と質問してみよう。答えがイエスなら、その時点の決定を決定としよう。そして、将来の合意した時点で再評価することも決定しよう。

タイムボックスの練習をする

　多くのアジャイルプラクティスに影響を与えている考え方に**タイムボックス**がある。ある会議に割り当てる絶対の上限時間を決めてしまうやり方だ。初めてタイムボックスを使う最初の数回は、うまくいかないことが多い。重要な決定がなされないままになったり、声の大きい人のせいで議論が脇道にそれたりして、みんな会議が失敗だったと考え混乱するだろう。だが、3回目か 4 回目あたりで良い変化が起こり始める。設定した時間で会議が終了すると参加者が信じるようになったら、会議の目的に沿った形で会話に優先度をつけられるようになる。会議は時間ばかりかかって成果が出ないと思っていた人も、会議に出てくれるようになる。

期待を明確にする

公式なアジェンダがあってもなくても、参加者に**何を**期待しているのかを知らせるのは有益だ。あなたがどんな決定を下そうとしているかを明確にするだけでなく、会議に招待した人に、なぜ参加者の視点が重要なのか、何があなたにとって価値があるのかを知らせるとよい。参加者に、チームや役割のために参加しているだけではなく、積極的に参加者の意見とコラボレーションを期待していることを伝えられる。

会議と呼ばない

最近の組織では、「会議」は忌み嫌われていることが多い。些細なことかもしれないが、「温室」や「サミット」と呼ぶことで、参加者の「会議」は時間の無駄という自己予言的な思い込みから脱出するのを助けられる。

「同じ場所にいる」ことと「同期して行う」ことを区別する

リモートチームや分散チームの場合、「同じ部屋」に一緒にいるように働くのは非常に難しい。この課題に取り組むのに役立つのが、同じ場所にいないとできない仕事と、同期して行える仕事を区別することだ。この区別がつくようになれば、「同期して決定すべき問題は何か?」、「メールやドキュメントのコメントなどの非同期チャンネルをどう使えばゴールを達成できるか?」といった質問ができるようになる。

どんなチームでも、コミュニケーションにおける非同期モードと同期モードの差に注意を払うことで、決定を下すプロセスに意味のある形で参加できる人を増やせるようになる。それが、説明責任を共有するという感覚の強化につながる。パワーポイントのスライドを 50 人くらいに送ってフィードバックを求めるのがいちばん簡単そうに見えるかもしれないが、決して協調的なやり方ではないし、効率的でもない。

4.4　発掘・スケールのためにつながりを作る

　ナレッジマネジメントは、大きな組織にも小さな組織にも同じように重要な課題となる。優先順位が変わって人が入れ替わってしまうと、今まで学んだことが無視されたり、すでに終わっている仕事を再度やったりするようなリスクが無視できなくなる。早いうちから頻繁にコラボレーションするという原則にもとづけば、このようなリスクを低減する重要なステップに進める。特定のチームが何か新しい仕事を始める**前に**、何が誰によって完成しているかを同僚に尋ねるのだ。

　このアプローチを利用することで、全体のゴールをつかめるようになるし、ゴールを達成するためにこれまでになされた仕事により強い光を当てることにもなる。Shift7のCEOで、前アメリカ合衆国CTOであるミーガン・スミスは、公共部門で大きな課題に取り組むために、**発掘・スケール**アプローチをうまく使ったやり方について話してくれた。

　政府での仕事とShift7での仕事では、発掘・スケールアプローチを発展させました。端的に言うと、自分で何かを作るのではなく、作っている人を見つけて、その人たちをつなげるのです。未来を実現するには、インクルージョン[†3]を通じた解決策を用いる必要があります。最初のステップは、単に「どこまでできてる？　もう問題を解決している人は？」と質問することです。たいていの場合、複数の人たちが問題を解決しています。そういう人たちをほかの人たちや必要なリソースとつなげることで、解決策がスケールするのです。これはシステムレベルの介入ですが、アジャイルの原則とよく合致しています。

---

†3　訳注：ダイバーシティ（多様性）とともに昨今使われることが増えた概念で、誰もが参加して貢献する機会があって、その人がもつ経験やスキルを活用している状態を指す。

　ミーガン・スミスのアプローチは、ベンチャーキャピタルのやり方から発想を得たそうだ。投資に有効な変化を起こさせるには2つの欠かせないステップがある。早いうちから頻繁に「すでに動いている（もしくは動く確率の高い）ものを見つけて、サポートする」。そして、「動いているネットワーク同士をネットワークする」。そうすることで勢いが増していく。「Try this at Home: Scouting local solutions and scaling what's working（https://bit.ly/2NkeiZ2）（自分のところでうまくいったやり方をほかに適用してみよう）」というタイトルのオバマ大統領のホワイトハウスからのブログ記事で、ミーガン・スミスと、ホワイトハウスの同僚のトーマス・カリル、アーデン・ヴァン・ノポンは、発掘・スケールのスマートシティや、警察のデータアクセス、STEM教育まで幅広い課題への適用について書いている。

> 創造的で情熱があり献身的な人たちが、ローカルコミュニティで課題解決に取り組んでいます。そのような人たちの既存の問題に対する創造的な解決策や、実験中の解決策を発掘することで、進ちょくを加速できます。同じ課題に取り組んでいる人を見つけ、解決策を共有するのにはインターネットを使います。チームをつなげるのです。

　合衆国政府を悩ませている厄介な問題に対する解決の糸口をすでに発見している町があるかもしれない。重要なビジネス上の問題と機会に対する直接の知識を持っている小さなチームは、組織全体にとって大きな価値をもたらすかもしれない。発掘・スケールアプローチを使って、個々のチームをつなげることで、見える化とチーム間のコラボレーションの価値がすぐにわかるようになる。そうして、共通のゴールのためにチームが一緒に働くというアイデアを強化する。また組織のリーダーにとっては、通常は見えないところにいる人たちを見つけて、功績を認識するのに役立つ。

　組織で、自分たちの仕事に発掘・スケールアプローチを利用するためのステップを以下に示そう。

すでにやったこと、誰かやっていないかを尋ねるのを習慣にする

どんな組織にも、いろんな人たちのあいだで共有されている「ちょっとしたコツ」のような知識がある。だが、いつでも取り出せる形でそのような知識は捉えられていない。このような知識を捕まえる良い方法の1つは、聞いたことがないことは存在しないという思い込みを払拭することだ。「誰かすでにやったことはないか？」と尋ねるのを習慣にしよう。「以前にやったことはなかったか？」、「同じ課題について考えてた人はいないか？」と尋ねてみよう。「組織の外で似たようなことをやっている人はいないか？」と聞いてみるのも良いスタートだ。

顧客にサイロ、プロダクト、プロジェクトの架け橋になってもらう

組織のなかで解決策を発掘するとき、誰のために解決しているのかを忘れてはいけない。顧客のゴールとニーズを目の前の中心に置いておこう。機能別組織とプロジェクトチームをつなぐことで、顧客に貢献できる思いもつかなかった機会が見つかるかもしれない。ある解決策の実現につながった顧客インサイトをチームや個人に共有してもらおう。そのようなインサイトが、すでにうまく動いている仕事をつなげてスケールさせる機会を見つけるのを助けてくれる。

ネットワークをネットワークしよう

同僚に複数のフォーラムに参加してもらい知識をチーム間に共有するのは、発掘・スケールアプローチを実現する強力な方法だ。Spotifyモデルに則れば、いろいろな職能から人を集め、コーヒーの話からデータ分析ツールの話まで共通の興味を持ち、知識を共有するギルドを作ることに相当する。スクラムフレームワークに則れば、それぞれのチームの「大使」を招いて進ちょくを共有する定期的な会議に相当するだろう。

コラボレーションの力を示す発掘・スケールのような長持ちする共通語彙を持つこと

「私たちはもっとコラボレーションすべきだ」と言っただけでは、行動にはつながらない。**2章**で議論したように、組織が理解し受け入れる言葉を使ってコラボレーションというアイデアを捉えなければいけない。発掘・スケールは、コラボレーションに興味を持ってもらうための注意を引く単語（必要ならそのまま使える言語）のテンプレートとして利用できる。

すでにうまくいっていることを尋ねるようになれば、顧客のゴールとニーズに合致する解決策により多くのリソースを割り当てられるようになる。発掘・スケールアプローチを提供することで、コラボレーションによって会社中心の思い込みを打ち破ることができる。大きなプロジェクトのピッチを行い、予算を確保して、同僚はマネージャーをびっくりさせるようなものを作り出せる。

4.5　アジャイルプラクティスの探求： デイリースタンドアップ

デイリースタンドアップもしくはデイリースクラムは、アジャイルプラクティスを取り入れるときに多くのチームが最初に選ぶプラクティスだ。これには理由がある。毎日の会議によって、定期的にチームメンバーはそれぞれの進ちょくと共有のゴールについて方向をそろえることができる。そして15分以内に終わることになっているため、チームの今の仕事に大きな負荷をかけることなく、取り入れることができる。

デイリースタンドアップのルールは簡単だ。毎日、チームメンバー全員が立った状態で集まって、チームのゴールのためにやっている仕事についての情報を共有する。デイリースタンドアップは全部で15分以内に完了する。全員立ってやることで、この厳密な制限が強制されるようになっている。スクラムフレームワークでは、メンバー全員が以下の質問に答えることになっている。

- 開発チームがスプリントゴールを達成するために、私が昨日やったことは何か？
- 開発チームがスプリントゴールを達成するために、私が今日やることは何か？
- 私や開発チームがスプリントゴールを達成する上で、障害となる物を目撃したか？

ソフトウェア開発をしていないチームや、スプリントで働いていない場合は、以下のような抽象的な質問にすることもある。

- チームのゴールを達成するために、私が昨日やったことは何か？
- チームのゴールを達成するために、私が今日やることは何か？
- 私や開発チームがゴールを達成する上で、障害となる物を目撃したか？

　もっとシンプルに「昨日何をやったか？　今日何をやるか？　困ってることは？」という質問をしているチームも多い。

　デイリースタンドアップは、取るに足らないほどシンプルに見える。だが、アジャイルの強力なアイデアのうちのいくつかに対する実践入門になっているのだ。まず、タイムボックスというプラクティスへの簡単な入門になっている。15 分の会議が 15 分で終わるはずがないと思っているチームもあるだろう。デイリースクラムを 15 分のタイムボックスで終われるようになると、チームはタイムボックスをより長時間の会議や外部の人が参加する会議にも適用し始める。

　さらに、デイリースタンドアップは、コミュニケーションの一定のリズムを作ってそれを守るというアイデアにつながる。多くのチームにとって、チーム全体を同期する会議は直近の重大なニーズがある場合のみである。喫緊の課題がなくてもチーム全体がお互いに話す場を用意することで、目的の共有や日々のタスクやチームのゴールの説明責任を強化するのに役立つ。

　もちろん、デイリースタンドアップを歪ませる方法はいくらでもある。報告と批評の文化を持つ企業では、「チームのゴールを達成するために、私が今日

やることは何か？」という質問が糾弾に聞こえるかもしれない。一緒に働いたことのあるプロダクトマネージャーの1人は、デイリースタンドアップを「会社のために最近何をやった？」会議と呼んでいた。デイリースタンドアップが、決まりきったやり方で成果のないエクササイズになってしまい、ほかのメンバーの発言にはまったく注意を払わず、自分の作業を非難されないように守る会議になってしまっていた。

　デイリースタンドアップをやっているからといって、協調的な文化を作れているとは言えないのだ。

　IBMのCMOミッチェル・ペルーソは私にこう言った。

> 「デイリースタンドアップをやっている」にチェックをつけたところで、アジャイルにおけるデイリースタンドアップの意味を理解したことにはなりません。アジャイルを本当に実践しているなら、あなたは学び続けて、新しいやり方を作り出し始めているはずです。つまり、入れ子になっているのです。やり続けて、何度も繰り返し、前進し続けることで、デイリースタンドアップが生きたものになっていきます。いったんそうなったら、もう戻ることはありません。

　言い換えると、チームがデイリースタンドアップが自分たちのものだと感じているとき、インパクトは最大になり持続可能になる。デイリースタンドアップが実際に付加価値を生み、コラボレーションをもたらしているかを確かめるステップを以下に示す。

なぜデイリースタンドアップをやっているかを明確にする

　ほかのアジャイルプラクティスと同じく、デイリースタンドアップもチームがなぜやるのかを理解していないと有効にはならない。チームでこのアジャイルプラクティスの目的は何かを話し合う時間を持とう。アジャイルの原則と組織やチームの特定のニーズを結び付けるようにしよう。たとえば、

「組織は顧客のペースについていくのに苦労している。顧客リサーチの直接のインパクトを最大にするために、早期から頻繁にコラボレーションするというアジャイルプラクティスにコミットしている。だから、デイリースタンドアップの議論を顧客に関連するゴールに絞ろう」のようにだ。

デイリースタンドアップを診断のように扱う

デイリースタンドアップは非常にシンプルなため、チームが報告と批評のモードなのか、本当に協調的な文化を作ろうとしているかを診断できる強力なツールになる。デイリースタンドアップ中にメンバーの目が泳いでいたり、スタンドアップを欠席したりする場合でも、「アジャイルをやっていない」と批判しないこと。何がうまくいっていないのかを理解し、どうやって対処できるかを話そう。（**5章**で議論するように、レトロスペクティブを開催して、チームで何がうまくいったか、何がうまくいかなかったかをふりかえろう）

質問を変えよう

デイリースタンドアップの３つの標準的な質問は、チームがチームのゴールに集中するように戦略的に設計されている。だが、チームのニーズはそれぞれだ。知り合いのアジャイル実践者のほとんどが、チームのニーズに合わせて、ある時点で質問を変えている。より直接的にコラボレーションを促すように変える場合もある。「今日、同僚から助けてもらえる機会はあるか？」。もしくは、個人的な質問を聞くようになる場合もある。「今日のエネルギーレベルはどれくらい？」。こうやって、チームメンバーのエネルギーが枯渇しないように気をつけているのだ。

2章で議論したように、デイリースタンドアップのようなアジャイルプラクティスに変更を加えるときは、アジャイルの原則に従い、かつ組織の特定のゴールを達成するという名目で行われるべきだ。デイリースタンドアップに価値がないと感じているようだったら、手順に従わないのを責めるのではなく、

学習の機会であると捉えよう。チームのメンバーと、このプラクティスからどんな価値を得たいかについて会話をしよう。それから、今のプラクティスから価値が得られていない理由は何かについても会話をしよう。1回に1つだけ小さな変更を行うことに合意し、ゴールの達成に役立ったかをふりかえろう。デイリースタンドアップは毎日行われるし、チームのアジャイルプラクティス適用の第一歩であることも多い。ゆえに、デイリースタンドアップは、コラボレーションと原則ファーストのアジャイルを実践する素晴らしい機会となるのだ。

4.6　この原則をすばやく実践する方法

　コラボレーションに関するアジャイルの原則を実践していく上でできることを、チームごとに見ていこう。

マーケティングチーム

- 企画担当者、代理店パートナー、クリエイティブ担当者を集めて定期的に同期ミーティングを開催し、キャンペーンを立案から実行までガイドする。
- 非同期フィードバックの依頼（「ちょっと添付のプレゼンテーションを見てもらえますか？」）に対しては、短いタイムボックスの会議を設定して、話し合いから意思決定まで行う。

セールスチーム

- プロダクトの将来をより深く理解するために、製品会議やマーケティング会議に代表者を派遣する。

経営幹部

- 新しい大規模プロジェクトに着手する前には、顧客の特定のニーズに対応したり、企業の特定の目標を達成したりするためにすでに何をしている

か質問する。

プロダクトエンジニアリングチーム

- 組織全体から参加者を募り、デイリースタンドアップに参加してもらう。そうすることで、このプラクティスについて深く学べる。

アジャイル組織全体

- 会議にタイムボックスを設定し、そのなかで決定を行い無駄な時間を最小にするよう促す。

4.6.1　良い方向に進んでいる兆候

さまざまなチームや職能の人たちが、正式な会議以外で一緒に時間を過ごしている

　本章で議論してきたとおり、コラボレーションの原則に実際に従うということは、組織図やカレンダーの招待といった問題よりも文化の問題だ。さまざまなチームや職能の人たちが食事やコーヒー、業務時間外の活動などで非公式に同じ時間を過ごすことで、多くの重要なことが起こる。これは全員が親友であるべきだという意味ではないし、そうなるプレッシャーを感じるべきだという意味でもない。だが、このような非公式の相互作用を通じて培われた快適さと信頼感は、組織の文化や仕事の質に対して非常に大きな良い影響を与える。

　この勢いを維持するには、次のようにしよう。

- 会社の昼食会のような非公式なイベントには組織やチームのリーダーは確実に参加するようにする。そうすることで「もっと重要な仕事」に集中すべきだと暗黙的に示唆するのを避ける。
- 組織のさまざまな場所で非公式なつながりを作るために、「ランチルーレッ

ト（http://lunchroulette.us/）」などのメカニズムを活用する。
- 自由参加の「ランチ・アンド・ラーン」を開催し、日々の業務以外で関心を共有できるようにする（たとえば、オフィスでおいしいコーヒーをいれる方法とか、素晴らしい休暇を探す方法など）。

下流の戦術だけでなく、上流の戦略のところでもコラボレーションが起こっている

「コラボレーション」が起こるのが、プロジェクトに関する上位の戦略的な決定が行われたあとだけであることが、あまりにも多い。たとえば、広告キャンペーンの具体的な言葉の選択とかインターフェイスデザインに使う赤色の色味については幅広いグループに相談できたとしても、キャンペーンやプロダクトの全体的な形状とか目的はすでに決まってしまっている。これは、組織がコラボレーションの動きをしているものの、組織重力の第2法則に縛られてしまっている典型的な兆候だ。新しいアイデアに関する幅広いオープンな会話は、アイデアの生死を脅かすものではなく、アイデアをより良いものにする機会だと捉えていれば、組織は本当の意味でのコラボレーションの実現に向けてうまく進んでいると言える。

この勢いを維持するには、次のようにしよう。

- チームが進めているものを完成前に見せられるようなオープンな「デモデー」を開催する。
- 複数のプロジェクトが承認されたり予算が割り当てられたりする**前に**、プロジェクト同士が顧客のニーズと目標を満たすためにどう連携するかについての計画を共同で作成するようにプロジェクトリーダーに依頼する。
- 新規プロジェクトでは機能横断的な作業計画を立てるとともに、組織全体からフィードバックを得るための機会を明示的に含めておく。

もともと誰のアイデアだったか誰も覚えていない

　組織がコラボレーションの精神とプラクティスを受け入れると、実行中のアイデアに対して投資されているとみんなが感じるようになる。Po.etのCEOでワシントン・ポストの前イノベーション担当VPであるジャロッド・ディケールによると、いちばんうまくいったアイデアは、もともと誰のアイデアだったのか思い出せないものであることが多いそうだ。組織のさまざまな人や幅広い視点の影響を受けて形作られたアイデアは、多くの注目を受けたものであり、多くのリソースが使われたものだ。これによってコラボレーションと成功の自己強化ループが作られるのである。ディケールの言葉を借りれば、組織が「私のつま先を踏むな」という文化から「足全体を踏んでください」という文化に変わったことの確かな兆候だ。

　この勢いを維持するには、次のようにしよう。

- 個人のアイデアを比較的早い時期に実行し、多様な視点を取り入れて、共同のオーナーシップを形成する。
- 協調的な取り組みを評価して奨励し、従業員が互いの貢献を認識してそこに注目を集める方法を提供する。
- 組織横断的な視点やノウハウを共有するため、さまざまなチームや職能が実行中の仕事を共有できる定期的な会議を開催する。

チームの誰かが病気で休んでも仕事に支障がない

　ハイパフォーマンスなアジャイルチームを示す典型的なしるしの1つは、個々のメンバーが不在でもチームが機能し続けることだ。これは、チームの複数のメンバーが同じスキルの専門家でなければいけないと言っているわけではない。たとえば、特定の種類のコードを書ける人がたった1人しかいないアジャイルプロダクトチームと働いたことがある。だが、早期から頻繁にコラボレーションするようになると、チームメンバーはグループを再編し、適応して、ものごとを

前に進めることができるのだ。（この提案をしてくれたアンドリュー・ステルマンに感謝したい。）

この勢いを維持するには、次のようにしよう。

- 毎日の始まりでスタンドアップを行い、必要に応じてチームを再編して適応する機会を得られるようにする。
- チームメンバーがスキルや知識を共有する機会を与える。これには1つのことをする際に異なるスキルのメンバー同士をペアにしたり、チームメンバーが自分のスキルをグループ全体で共有できるような非公式の集まりを開催したりすることが含まれる。
- 自分のチームのメンバーとほかのチームのメンバーを1日とか1週間のあいだ「トレード」する。そうすることでチームのスキルや知識がチームの境界を越えて広がる。

4.6.2　悪い方向に進んでいる兆候

会議が小学校の読書感想文の発表のようだ

過去の報告と批評の文化から進化していない組織では、会議は重要な決定を共同で行う機会というより、小学校の読書感想文の発表のように感じられる。みんなが居眠りしていたり部屋の前で自分の順番を怖がっていたりしているなかで、思いつく限りでいちばん防御的なことを吐き出しているようなら、あなたにはやるべきことがある。

このような状況のときには、次のようにしよう。

- 現在の会議の開催方法がうまくいっていないことを認めて、会議をもっと良いものにするために同僚に協力を求める。ときには、この会話をオープンにするだけでものごとを正しい方向に導いて、会議を強制的なものとして扱う代わりに会議に関する責任を共有できるようになることもある。

- 会議に時間制限を設定し、厳密にそれを守る。人は自分の時間が本当に限られているとわかると、それを最大限に活用するようになる。一般的には、これに慣れるまでに3〜4回の会議が必要になる。そして実際には時間の管理方法が変わる。
- 会議の出席を任意にして、誰が出席するかを見てみる。こうすることで会議から価値を得ているのが誰なのかがわかる。そういった人たちと協力して、なぜその会議に価値があるのか、その価値をほかの人に広げるために何ができるのかを理解する。

完成して洗練も終わっているものがチーム間で共有される

　誰もが良い仕事をしたいと願っており、完成していて洗練されており印象深いものを出すことが組織内での地位を高めるための確実な方法のように感じてしまうことが多い。だが、完成していて洗練も済んだものは、「みんなに感心してほしいとは思うが、参加してほしくはない」という誤ったメッセージを伝えてしまうことが多い。さらに悪いことに、そういったものに対してフィードバックが来ると、「これはすでに完成している」とか「上司の承認済みなので、何も変えられない」とため息をついたり怒りを覚えたりするのがオチだ。

　このような状況のときには、次のようにしよう。

- 新しいアイデアや取り組みについて議論するときには「パワーポイント禁止」ルールを設ける。これはAmazonのジェフ・ベゾスが広めたアイデア（https://bit.ly/2BWFM4I）だ。パワーポイントのプレゼンテーションを完成させたり洗練したりするのにかかる時間は、発表するアイデアの質とは何も関係がない。それらは顧客やエンドユーザーにとって何の価値もないのは明らかだ。
- 特定の顧客ニーズやゴールにどう対処するかを考えるために、複数のチームや職能の人たちと、短時間で構造化されたブレインストーミングセッ

ションを行う。デザイン思考と関係の深いツールやプラクティスがここで
は特に価値があるだろう。

- 新しいアイデアや進行中の仕事を誰もが見えるようにして、たまたま居合
わせた人から思いがけないフィードバックを得る。

インボックスが非同期フィードバックの依頼で一杯だ

　進行中のことについて話すのは、やりにくいし落ち着かないし、難しい。
メールを送って「フィードバックを送ってください」と言うほうがよほど簡単だ。
あなたの作っているものには**技術的に**フィードバックが欲しい箇所がたくさん
あり、ほとんど時間をかけずに好きなだけ送信先を追加できる。だが、そう
やって選ばれた人たちにとっては、処理したり、優先順位をつけたり、対処す
る時間を見つけたりしなければいけない新しいタスクが増えたことにほかなら
ない。
　このような状況のときには、次のようにしよう。

- **誰に**フィードバックを依頼するか、それは**なぜ**なのかを明確にする。RACI
マトリクス(Responsible：実行責任者、Accountable：説明責任者、
Consulted：協業先、Informed：報告先)のような形式化されたフレーム
ワークを使ってもよいし、非公式なリストを作って、リストのなかの人たち
があなたが期待していることを知っているかどうか確認してもよい。
- 非同期のフィードバックを求められた場合は、10分の会議を設定して直接
フィードバックする。依頼者にそれをする時間が取れないのであれば、そ
もそもあなたのフィードバックに関心がないかもしれない。
- メールの件名には、必要なフィードバックの種類と締め切りを含める習慣
を身に付ける。たとえば、「最新バージョンのキャンペーン計画【金曜日ま
でに承認が必要】」とか「最新のモックアップ(FYI、フィードバック不要)」
といったものだ。

4.7　まとめ：コラボレーションの文化を作る

　カレンダーが退屈で不要な会議ですでに一杯の人にとっては、コラボレーションを**増やす**というアイデアは無駄で非生産的に思えるかもしれない。だが、本当の意味でコラボレーションの文化を作るのは、誰かが終わったことを話しているのを部屋で座って聞く以上のものだ。オープンな環境で失敗するという選択をすること、つまり完成して洗練する**前に**共有すること、プロジェクトの全体的な形や方向性に対するインプットを求めることは、本当のコラボレーション文化に対する貢献になる。そのような文化の発展に取り組んでいれば、私たちが顧客に提供する価値が、組織図のギャップやサイロによって制限されることはないのだ。

5章
不確実性を計画するのが アジャイル

もはや言うまでもないが、世界は急速に変化しており、組織はより柔軟にならなければいけない。だが、柔軟性が必要であることを踏まえて行動する余地を作り維持していくことは大きな課題であり、それにはアジャイルの原則とプラクティスが適している。アジャイルは、不確実で急速に変化する世界の現実を認識するだけでなく、不確実性を乗りこなすのに役立つ実際の構造を提供する。

不確実性に対する計画の原則に従うことで、組織は短期的な柔軟性と長期的な計画のバランスを取ることができる。アジャイルソフトウェア開発宣言は私たちに「計画に従うことよりも変化への対応」により価値を置くことを気づかせ、アジャイルは私たちが従う実際の計画に対して堂々と変化を取り込む方法を教えてくれる。アジャイルの原則は、プラクティスによって自分たちの仕事がどう変わるかを示してくれる一方で、プラクティスは柔軟性と応答性を高める具体的な手順を与えてくれるのだ。

多くの組織ではすでに適応性を高めるための活動が進行中で、アジャイルの原則を組織の既存の言語やアイデアと統合する機会をよく目にするようになった。私たちが一緒に仕事をしたある組織では、「外部焦点」の視点で、急速に変化する世界にどうついていくかを説明した。もしあなたの組織がすでに何か「革新的」な仕事に取り組んでいるのであれば、そのような活動に伴う高い目標に構造と具体性を追加する良い方法かもしれない。

5.1　組織重力の第 3 法則からの脱却

そもそも、柔軟性は組織がアジャイルに惹かれるいちばん当たり前で理解しやすい理由の 1 つだ。だが、多くの組織は、シニアリーダーを含む多くの人が組織の成功にとって適応性が重要であることに同意している場合でさえも、実際の方針をしっかりとしたやり方で変えるのに苦労している。

その理由の大部分は、私が**組織重力の第 3 法則**と呼んでいるものに帰結する。進行中のプロジェクトは、それを承認したいちばん上の人が止めない限り、止まることはない（**図 5-1**）。つまり、プロジェクトや活動、プロダクトのアイデア

が経営幹部から承認されれば、それが顧客ニーズや企業の目標に合致しないことが明らかになっても、そのまま続けられる可能性が高いのだ。結局のところ、プロジェクトがほぼ確実に失敗するとしても、失敗の責任を上司が取るのであれば、悪い知らせを伝えることに何の意味があるのだろうか。

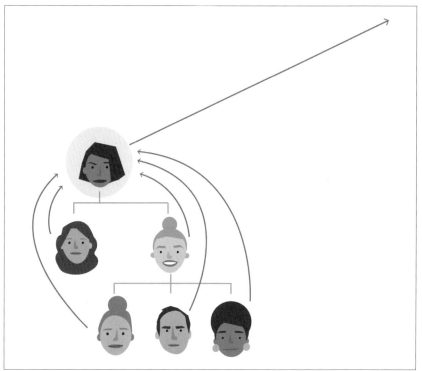

図5-1　組織重力の第3法則：進行中のプロジェクトは、それを承認したいちばん上の人が止めない限り、止まることはない。すべての注目が組織図の最上位に注がれていることに注意しよう。

　組織重力の第1法則に戻ると、何らかの介入が求められるシニアリーダーは、顧客との直接的な対話からいちばん遠いところにいることが多い。これによって、組織が顧客からの新しい学習にもとづいて方向性を調整することがほとんど不可能な、永続的なシステムができ上がる。方向性の変更が必要になるよう

ろあI

なフィードバックは、シニアリーダーが受ける頃には、「素晴らしい！」という役に立たない選別済みのものになってしまっていることが多い。

この力学は、組織の人たちが成功しないとわかっているプロジェクトに取り組み続けることが多い理由になる。また、顧客からのフィードバックが速いこの時代に、あきれるほど酷いマーケティングキャンペーンやソーシャルメディアでの失態が続いている理由にもなる。組織政治の計算では、人前で恥をかくことは、上司が承認したアイデアは間違っていると言うよりも、リスクが低いように思えてしまうのだ。

個人の勇気は確かに、個人が組織重力の法則に逆らうことのできる方法の1つだが、それだけでは十分ではない。変化を確かなものにする唯一の方法は、**プロセスの一部を変更する**ことだろう。つまり、プロジェクトを承認する経営者は、プロジェクトには必ず変化の余地を残さなければいけないことを理解する必要がある。そうすることで、方向性を調整することは先見の明を示す成功例であり、残念な失敗例ではないと感じられるようになる。

経験豊富なアジャイル実践者で、Teradata、Oracle、HPのような組織と仕事をした経験もあるキャサリン・クーンが説明してくれた例を紹介しよう。彼女によると、大規模な金融サービス組織が、より短い四半期サイクルを既存の1年間の計画サイクルに追加し、組織が共感する言葉を使ってこの短いサイクルを広めることで、不確実性に対するより良い計画を立てることができたそうだ。

> 組織が数年単位の計画サイクルを止めることはできません。ですが、四半期ごとのビジネスレビューを追加してもらうことはできます。とても単純です。前四半期の業績をふりかえるところから始めるのです。それから、その場にみんなに知ってほしい情報を持ち込みます。マーケットの変化に関するガートナーの新しい調査結果かもしれませんし、新しい法規要件かもしれません。経営陣の新たな取り組みもあれば、顧客に関する新たな情報もあるでしょう。そういった情報を部屋に持ち込んで、最後に計画について話し合ったあとで学んだことを説明してから、先の

ことを考えるのです。今わかっていることを踏まえて自分たちの活動を
ふりかえり、「十分にできた」と宣言できるでしょうか？　ある活動が目
標の85%まで到達しているのであれば、どうして20%しか到達してい
ない別の活動にリソースを振り向けようと思うでしょうか？

このアプローチを使って、銀行全体で四半期ごとの計画イベントを実施
することができました。これによってあらゆる種類のことに対処できる
ようになりました。たとえば、以前であれば銀行を止めてしまっていた
であろう何千もの是正措置を伴う監査の実施などです。四半期ごとの計
画イベントで作業を分解し、終わったことや終わらなかったことを理解
し、最優先の項目を片付けることができました。どの機能が必須ではな
いものなのか、機能の範囲はどのようなものかについても会話できまし
た。それぞれのアプローチのトレードオフを議論することはあっても、
惰性や怠慢によってアプローチが決まることはありません。

成功の秘訣の1つは、組織の言葉を使うことでした。たとえば、「今のと
ころは十分」とか「十分にできた」とか「素晴らしいアイデアだけど、今で
はない」といったものです。これにより、技術的になりすぎたり否定的に
なりすぎたりすることなく、優先順位について話せるようになったので
す。

　この例が示すように、1年単位のサイクルで計画している組織でも、知識の共
有や方向性の調整の機会を増やせる余地がある。また、**2章**で議論したように、
組織内ですでに理解されている言語を取り入れることは、新しいアイデアやプ
ラクティスがいつもどおりのビジネスの障害になる場合であっても、それらを
親しみやすく適用しやすいものにするのに役立つ。

5.2　アジャイルの逆説：柔軟性を実現するための構造を活用する

　ほとんどのアジャイル手法の中心にあるのは、**規則的なリズムが柔軟性の余地を生む**というやや逆説的な考えだ。**3章**で議論したアジャイルのスプリントのように、時間が固定されていて使える時間に限りがあるというリズムは、変化への対応を難しくするものではなく、逆に変化への対応を日々の仕事のやり方の一部とするものだからだ。

　アジャイルについて学び始めたとき、固定の期間に区切って頻繁に繰り返す構造はチームを遅くして応答性を低下させるのではないかと懸念した。2週間ごとに何かを完成させる約束をすることは、2か月ごとに計画したり必要になったら計画したりするよりも、ずっと融通が利かず統制されているように感じられた。だが驚いたことに、固定の短いリズムによって、実際にはチームは大胆で刺激的な選択をするようになった。私たちは、新しいプロダクトの方向性を確認するための軽量なプロトタイプを作ってテストすることができた。それが顧客に価値を提供できていないことがわかった場合には、その方向性は止めることもできた。私たちは、2週間ごとに方向性を調整する権限があることもわかっていた。したがって、目標を達成できなさそうであれば、組織の四半期および年度ごとの目標を踏まえて、より良い計画を立てることもできた。

　確かに、ほぼすべての組織は標準的なアジャイルのスプリントである2週間を超える長さの計画のもとで運営している。これは、小さなテクノロジースタートアップの四半期ごとのプロダクトロードマップでも、大企業の年間予算でも同じだ。トレーニングを受けて新たにアジャイルを実践するようになった人たちの多くは、長期のサイクルを本当のアジリティに対する脅威とみなし、本当のアジャイルは「これほど大規模で官僚的な組織では不可能です」と最終的に宣言する。IBMやSalesforceのような組織でコンサルタントやマーケティングリーダーを務めたアラン・バンスは、とてもうまくいっているアジャイル実践者

たちが長期の計画と短期の調整のバランスをどう取っているのか説明してくれた。

> いくら「アジャイル」だろうと、予算がどうなるかを考えることなく1年を始めるようなところで働いたことはありません。特に、株式公開の準備を進めている企業で働いている場合、「私たちはアジャイルなので、どれだけ費用がかかるかはわかりません」などと言えるはずがないのです。予算サイクルのやり方では、セールスチームと経営幹部は、自分たちが達成できることは何か、その年の目標がどうあるべきかを考えます。そして、マーケティングの予算が減らされます。

> アジャイルは「いつでも何でもできる」という感覚をもたらすことが多いですが、実際はそんなことはありません。予算があります。そして、予算はどんどん削られていきます。それでもアジリティの余地はありますが、白紙の状態から始められるわけではありません。長期戦と短期戦のバランスを取る必要があるのです。

> バランスをどうするかは、組織が長期サイクルをどう使うかに大きく依存します。長期サイクルは石に刻まれた不変のものでしょうか？　それとも調整があることを前提とした指針でしょうか？　もし長期のガイドラインが絶対的な真実としてではなく、方向性の指針として使われるのであれば、アジリティの余地は多く残っています。しかし、ひとたびものごとが固定されて官僚的になると、「990万ドルではなく1010万ドルと言ったじゃないか」というようなことになり、ものごとはどんどん扱いにくくなります。

　この例と本章の前半に出てきたキャサリン・クーンの話が示すとおり、年次計画があるからといってアジリティの追求を諦めなければいけないわけではない。むしろ、チームが長期的な計画に沿って仕事を進めつつも、顧客から学ん

だ新しいことを途中で取り入れられるようにする。そのために、積極的かつ規律のあるやり方で短いリズムを実現していく必要があるのだ。

　チームの短いリズムを長期的な目標と計画の構造に合わせて調整する手順をいくつか紹介しよう。

組織における固定のサイクルを洗い出し、それに逆らうのではなく、それに合わせて仕事をする

　あなたの組織には年間予算サイクルがあるだろうか？　2年間の戦略的計画サイクルはどうだろうか？　四半期ごとの目標設定プロセスはあるだろうか？　サイクルを洗い出し、それぞれのサイクルで実際に決定されたこと、誰が決定を下したのか、そして結果として期待していることが何なのかを書き出してみよう。次に、変更されることのない計画サイクルを尊重しつつ、これらのサイクルの周りに柔軟性の余地を増やす短いリズムを作る方法について考えてみよう。

変化を祝う

　長期サイクルの計画だけだと、あらゆる変更によって苛立たしいやり直しが必要になるように感じてしまう。そこに短期サイクルを追加することで、当初の計画を変更する前に、長期的なゴールに新しい情報を取り込むことができるようになる。変化を拒むのではなく変化を祝うことで、この新しく手に入れた柔軟性に注目を集められるようになる。つまり、間違った方向に進んでいる長いサイクルのなかに短いサイクルを入れれば、「くそ、4週間の仕事が水の泡だ」と言うのではなく「今この問題が見つかってよかった。四半期目標を達成する時間があるうちに軌道修正しよう」と言えるのだ。

何ができるかに焦点を合わせる

　短期的なアジリティと長期的な計画との緊張関係が完全には解消されることはない。必然的に、チームがやりたいときにやりたいことができない状況になる。だが、組織全体が本来あるべき「アジャイル」でないと責めても、

チームの士気とモチベーションを落とすだけだ。代わりに、組織の現実的な制約を踏まえて、何ができるかに焦点を合わせよう。

多くの場合、この現実的なアプローチを採用して、長期的な計画サイクルの目的と期待を明確にすることで、長期的な計画サイクルをもっと有効に活用できる。チームや組織は、短期的な計画と長期的な計画の適切なバランスを見つけようとすることで、両者が提供する価値を理解し評価する能力が向上するだろう。

5.3　実験の両刃の剣

必然的に、不確実性に対して計画を立てるのは、自分たちがやることが全部うまくいくとわかる**前に**、最善の推測をして前進することを意味する。アジャイルやそれに近いアプローチの多く、特にリーンスタートアップの世界では、どんどん変化する世の中でチームや組織が新しいプロダクトのアイデアや方向性を評価するいちばんの方法として「実験」を取り上げている。

残念ながら、現実の組織には、きちんと管理された清潔な無菌室のような環境など存在しない。実験は、組織に持ち込むべき重要な考え方の1つだ。だがそれが、混沌としていて急速に変化する現実世界と対極にある科学的な確実性を想起させるものであれば、危険にもなり得る。せいぜいのところ、実験は世界の不確実性を理解するのには役立つが、不確実性自体をなくすことは決してできないのだ。

絶対的に正しい決定をしたいと考えているチームや個人にとっては、受け入れがたいかもしれない。確かに、決定のなかには実験で確実に証明できるものもある。たとえば、ウェブページ上の「ホーム」ボタンを丸にするか四角にするかは、定量的なA/Bテストで難なく証明できる。だが、まったく新しい事業に参入する価値があるかどうか、既存のプロダクトで新しいマーケットをターゲットにするかどうかという状況を考えてみよう。これらの疑問に答えるのに

役立つ実験を計画することは確かに可能で価値がある（書籍『リーン・スタートアップ』にたくさんの素晴らしい例がある）。だが、そのような実験は、単純なA/Bテストと同じように反論の余地がなく科学的に確実であるという感覚を与えてくれはしない。

理論的には、複雑な市場ベースの意思決定を検証する困難で曖昧な実験に対して、チームや組織が多くの時間を費やすように見える。だが実際には、逆のことを意味することが多い。チームや組織は、絶対値で定量的に評価するのがいちばん簡単な実験に、不釣り合いな時間を費やす。たとえそれがビジネスに与える影響がいちばん小さいものであってもだ。

私の会社（Sudden Compass）では、**図 5-2** に示すような「統合データ思考」と呼ぶ4象限を使って、進行中の実験をプロットするように顧客に依頼することがある。この4象限は、「発見」、「最適化」、「定性的」、「定量的」という軸に沿って、データ関連の活動を表す。私の会社のビジネス・パートナーであるトリシャ・ワンは、多くの組織との仕事を経てこのフレームワークを開発した。多くの組織は、A/Bテストなどの定量的な最適化レベルの作業に過度に依存する一方で、発見レベルの意思決定の検証や、主に定性的なデータによって証明される実験の実行といったはるかに困難で曖昧な作業を無視していたのだ。

これを実施したほぼすべての企業で、完成した4象限のプロットの結果は右下の定量的な最適化に大きく偏っていた。だが同じ組織に対して、夜遅くまで対処しているビジネス上の問題を発見から最適化へのX軸に沿ってプロットするよう依頼すると、結果は4象限の左側に向かって偏る。たとえば、既存のプロダクトや市場、メッセージの段階的な最適化に関する実験が大部分でありながら、「どうやってビジネスを新しい市場で成長させるか?」という重大な発見レベルの問題で頭が一杯であることも珍しくない。この乖離を認めるだけで、多くの場合、4象限の左上の領域で定性的な実験や発見レベルの実験を行う新しい方法を探し始めるきっかけとしては十分だ。

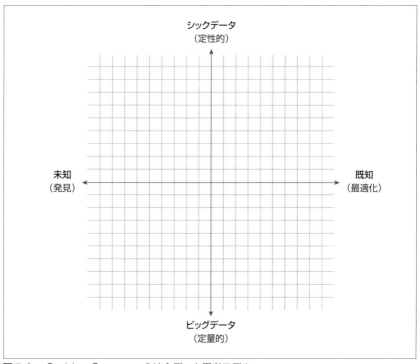

図5-2　Sudden Compassの統合データ思考モデル。

　このような実験の素晴らしい例がリーンスタートアップの世界から出てくるのは驚くことでもない。Lean Startup Productionsの元CEOで共同設立者のサラ・ミルスタインは、新しいプロダクトのアイデアの検証においてどれだけ単純で低コストの実験ができたか、どうやって定性的なデータが実験に組み込まれたかを私に説明してくれた。

> Lean Startup Productionsの一環として新しいカンファレンスを立ち上げたとき、リモートバージョンのチケットを売るというアイデアがありました。人気もなく、売れるチケットは10枚くらいだという仮説を立てました。ですが、発売日だけで100枚売れたのです。これは、顧客の

現在の状況に私たちの考えが追いついていないことを示す非常に大きな
兆候でした。仮説がなければ、10 枚も 100 枚も同じに見えたでしょう。
こういった仮説ベースの実験は、自分の間違いがわかった場合でも同じ
ように価値があります。必ずしも正解を目指しているわけではなく、現
在の思考と実際の顧客がどんな関係にあるかを測ることを目指している
のです。

また、実験フェチになるのは簡単で、そうなってしまうと実験の目的を
損なってしまいます。実験が定性的な兆候に関するものになることは
多々あります。たとえば、マーケティング資料の文言の使い方などです。
このアプローチは正式には「アーティファクト分析」と呼ばれます。たと
えば、ウェブサイトの文言を「問い合わせ」に変えると、受信メールの内
容が変わるでしょうか？　いつも数字が手に入るとは限りません。です
が、知りたかったことはわかります。

　この話が示すように、いちばん簡単にテストや計測ができるものが、必ずし
もいちばん重要なものとは限らない。定量的な実験で簡単に答えられそうな質
問ではなく、ビジネスと顧客にとっていちばん重要な質問をすることから始め
よう。そうすれば、私たちは身の回りの世界の複雑さと不確実性に忠実である
ことになる。

5.4　アジャイルも不確実だ

　アジャイルを実践しようとしている組織で私が見てきたいちばん一般的なア
ンチパターンは次のようなものだ。「世界の急速な変化がわかったのでアジャ
イルプラクティスを適用しよう……。ずっとうまくいく保証があって変える必
要のないものがいい」。組織における不確実性に対する計画づくりは、アジャ
イルへのアプローチ方法における不確実性を計画することを意味する。これ

は、アジャイルを継続的な変化の受け入れを必要とするずっと続く旅ではなく、チェックリストにチェックを入れていけばアジャイルになると考える組織にとって、とても大きな課題になる。

　変化を乗りこなすには、チームと組織が自分たちの使うプロセスを共同所有し、何がうまくいっていて何がうまくいっていないのか、それはなぜかを率直に話せるだけの信頼と透明性を作り上げなければいけない。アジャイルが単に上からの命令だったり外部のコンサルタントによって持ち込まれたものだったりする場合は、これを実現するのは難しいことが多い。意欲的な実践者たちのチームが自分たちでアジャイルプラクティスの適用を推進している場合でも、プラクティスについてふりかえって改善するのは難しいのだ。アップルやAmerican Expressでエンジニアリングマネージャーとして働いた経験を持つアビシェーク・グプタは、チームがアジャイルプラクティスの目標に関する会話を始めることが、チームのルーチンや儀式に難しいが重要な変化をもたらすことを説明してくれた。

> アジャイルでの大きな課題の1つは、「理由」を理解することなしに、やらなければいけないことになってしまうことです。アジャイルが銀の弾丸だとみなされていると、さらに酷いことになります。「私たちのプロジェクトはアジャイルをしているので素晴らしいものになるだろう」などと言うのです。ですが、これはアジャイルの精神がなければ成り立ちません。プロダクトの品質に深い関心を持つ人たちにとっては、アジャイルは手段であって目的ではないのです。プロセスと成果をごっちゃにしているくことが問題の根源です。プロダクトの品質を気にしなければ、つまり顧客に価値を届けることに関心を持たなければ、アジャイルがあなたを救うことはないのです。
>
> 私はかつてしばらく「アジャイルをしている」チームと働いたことがあります。「これはみなさんにとって価値がありますか」と聞くと、最初は「え

え、とてもとても価値があります」という答えが返ってきました。2か月後に私は彼らのアジャイルイベントに出席して何がうまくいっているかを確認しました。すると、どれも同じようなことになっていました。ソフトウェア開発ツールであるJiraに入っているチケットを見せながら、何の作業をしていて、何が終わっていて、何が終わっていないかを話していたのです。彼らは自分たちがやっている作業のインパクトを理解することよりも、実際のチケットをクローズすることに重点を置いていました。実際の成果を考えることなく、多くのプロセス管理をしていました。つまり、見せかけの仕事ばかりだったのです。

数か月後、私はチームに「これは実際のところどう役に立つのですか？」と言わなければいけませんでした。私が聞いた答えは、一度に多くのことに取り組む必要がないこと、何に取り組んでいるのかがわかること、焦点を明確にして進められること、というものでした。そこで、その焦点を維持しつつも、顧客のために私たちが作り出す価値を通じてその焦点が理解できるような、より大局的で方向性がはっきりした考え方を取り入れる方法について話し合いました。これは、多くの決まりきったアジャイルの儀式から離れて、チームとして「どうすれば、私たち自身と顧客が望む成果を達成できるだろうか」と聞き続けることを意味していました。

実際のところ、不確実性に対する計画づくりというアジャイルの原則を本当に受け入れるということは、私たちが定期的にチームにこのような難しい質問を投げかけ、目標やチームや顧客の変化にあわせて変わる答えに対してオープンでなければいけないことを意味する。ほとんどの場合、最終的には「本のとおり」にアジャイルを実践することで得られる安心感や安全感を捨て、チームの人たちとって最適なプラクティスを見つけることが必要になる。これは恐ろしい一歩かもしれない。だが、私たちがアジャイルと呼んでいるプラクティスやフ

レームワークは、「アジャイル」という言葉が使われる前に、実践者によって試行錯誤の末に開発されたのだ。これは覚えておいてほしい。組織のニーズを理解し、原則に従おう。そうすれば、私たちは新しい働き方を見つけられるようになり、チームがオーナーシップを感じられるようになるのだ。

5.5　アジャイルプラクティスの探求： ふりかえり

　アジャイルが速度をもたらし組織重力の法則を克服するエンジンなら、**ふりかえり**はエンジンの過熱と燃え尽きを止める弁だ。ふりかえりとはスプリントの最後やプロジェクトが終わったときに行う会議だ。チームの仕事の仕方を検討して、次のスプリントやプロジェクトをどう変えるかを検討する。ふりかえりの目的は、たった今終わった実際の仕事を批判することではない。チームがどうやって仕事を終わらせたのかを考えるのが目的だ。そのことに注意してほしい。

　ふりかえりは、チームが仕事のやり方について共通の目的意識とオーナーシップを形成するための重要な機会だ。「私たちの仕事のやり方は、私たちが原則を守って目標を達成する助けになるものだろうか？」と聞いたあとに、「次はどうするか？」という質問をするのだ。

　私が一緒に働いてきた多くのチーム、特にプロダクトエンジニアリングチーム以外のチームにとって、何がうまくいって何がうまくいかなかったかを率直に話すのは不快だっただろう。現在の仕事のやり方は正当な理由でそうなったに違いない。それを疑問視すると誰かの経験や権威を損なうかもしれない。そう考えることが多いだろう。だが、実際には何の価値もない定期的な会議や、とても多くの情報を必要とするキャンペーン計画テンプレートなど、特定のプラクティスや作成物が、誰にも再評価できない単なる歴史的偶然のかのようになっていることが何度もあって、私は本当に驚いた。私は多くのふりかえりに参加してきた。たとえばそこには、長年の慣習はもはやチームに役立つもので

はなく、リーダーを含む全員にとって決まっているのでやっているだけだ、と
おどおどしながらほのめかす人がいたこともある。このような瞬間が、チーム
の士気と生産性にすぐに信じられないほどの良い影響を与える可能性はあるが、
そのための場を作らない限り、そんなことは起こらない。

　ふりかえりの素晴らしい点の1つは、プロジェクトでほかのアジャイルプラク
ティスを使っているかどうかに関係なく、プロジェクトの最後に実行できること
だ。毎月のニュースレターや四半期ごとの計画会議などの定期作業にふりかえ
りを追加することで、チームがどうやって協力しあうか、なぜそうするのかを
話し合える新しい場所が生まれる。Mindful Team[†1]の創設者であるエマ・オバ
ニエは、ふりかえりがチームの信頼とコミュニケーションを構築するいちばん
重要なツールの1つだと評価するようになった理由を説明してくれた。

> ほとんどの問題はコミュニケーションで解決できます。多くの企業はも
> のごとの人間的側面を見落としているのです。多くの企業は、アジャイ
> ルによって人が速く動けるようになると考えますが、人間はロボットで
> はありません！　そして、みんなを集めてオープンな対話をしなければ
> 大きな問題になってしまうような馬鹿げた問題や誤解はたくさんあるの
> です。チームの前で自分のことを表現できるようなセーフティネットさ
> えあれば、そこから十分に始められることもあります。それができれば、
> チームはフロー状態になります。私にとって、ふりかえりがその開始点
> です。アジャイルの儀式にはそれぞれ理由があります。ですが、私に
> とっては、ふりかえりが継続的改善のカギです。それがなければ、手に
> 入るのは単なる厳格で統制されたフレームワークになってしまいます。
>
> 私たちは、アジャイルの価値をチームに伝えるのに苦労している多くの
> スクラムマスターと話をしました。もしそのような問題があるなら、最
> 初から始める必要があります。対話をオープンにして、チームの全員が

本当に感じていることを言ってもらう機会を作る必要があるのです。ほぼ確実に衝突が起きるでしょうが、それは良いことで、次のレベルへの推進力となります。このような衝突を表に出さないままだと、多くのチームは最初のレベルにとどまってしまい、新しいチームが直面する最初の問題に取り組むことができません。

　ふりかえりが難しいのは、それが最終的にとても価値があるからという理由にほかならない。ふりかえりは、一緒に仕事をする方法についての疑念、疑問、不確実性を声に出す場になる。このような会話が心地よいことはめったになく、簡単で確実な答えが得られることもめったにない。だが、ふりかえりで明らかになる単純な事実は、チームが行き詰まって無力感を覚えてしまうような暗黙の信念や仮定に立ち向かうきっかけになる。ふりかえりを軌道に乗せるためのヒントをいくつか紹介しよう。

弱さと不確実性を組み込む

　もしあなたがアジャイルプラクティスをチームに持ち込んでいる張本人なら、チームメンバーはふりかえりのときにあなたを見て、どうふるまうべきかを理解しようとする。そうなると、正しい答えをすべて持っている必要がある、あるいは導入したアジャイルプラクティスを守る必要がある、と感じてしまうかもしれない。だが、チームのためにできる最善のことは、継続的な適応と改善を可能にするオープンさと誠実さをモデル化することだ。誰かがあるプラクティスについて質問をして、適切な答えを持ち合わせていなければ、遠慮なく「よくわかりません。みなさんはどう思いますか？」と答えよう。

次回やることに集中する

　多くの組織では、時間をかけてチームの働き方を考えるのは、大きな問題があるときだけだ。結果として、ふりかえりは曖昧なものになったり責任追及になったりすることもある。Etsyのエンジニアリングチームは、報復を

恐れることなく自分の失敗をオープンに反省できる「非難のないポストモーテム（https://bit.ly/2QwFvd2）」を開催することでこの問題を解決した。だが、非難の応酬を避けるもう1つの方法は、次のスプリントやプロジェクトで違ったやり方をすることについての会話にシフトすることだ。たとえば、「前回の出来事の責任者が誰であろうと、事態を改善するために次回全員でできることは何だろうか？」といったものだ。

将来の変更を強制ではなく実験として扱う

定期的にふりかえることで、それぞれのスプリントやプロジェクトのあとで軌道修正する機会が得られる。これは、新しいプラクティスやアプローチを試すのにほとんどリスクがないことを意味する。つまり、うまくいかない場合は、次回のふりかえりでまた変更したり元に戻したりすればよいのだ。すべての変更は本質的に実験であることをチームに理解させよう。実際にやってみないとうまくいくかはわからない。やったことから学んで軌道修正する準備はできているのだ。

原則を重視する

ふりかえりの場で、チームや組織がアジャイルの原則を見えるようにしておくとよい。こうすると、チームの協力の仕方だけでなく、そもそも**なぜ**仕事のやり方を変えようとしているのかに着目し続けるのにも役立つ。こういった原則は、意見の相違がある場合の強力な仲介者にもなる。「これらのアプローチのどれがよいか？」ではなく、「これらのアプローチで私たちの原則といちばん一致するのはどれか？」と聞くこともできる。

うまくいっていることをそのまま維持する余地を残す

ふりかえりは、うまくいっていない状況で軌道修正する上で重要な方法だが、うまくいっていることを認識する重要な方法でもある。私が有効だと思うのは、チームメンバーそれぞれに、うまくいった3つのことと次のスプリントやプロジェクトで変えるとよい3つのことを手早く書き留めてもらうこ

とだ。こうすることで、守る価値のあるものと洗練すべきものに等しく時間を割けるようになる。

アイスブレイクをする

チームの最初の数回のふりかえりは、特にやりづらいことが多い。アイスブレイクから始めたり、ふりかえり自体をゲームのようなものにしたりすることで、ふりかえりに楽しさや安心なものにできることもある。本章の前半でふりかえりに関する深慮に富んだコメントを紹介したエマ・オバニエが共同創業者を務めるMindful Teamでは、The Retrospective Game（https://bit.ly/2yde68f）と呼ばれるカードゲームを提供している。このカードゲームは、グループでの思考の共有に慣れていないチームにとって素晴らしい第一歩になるだろう。

　最後に、おそらくいちばん重要なことがある。やらなければいけない仕事がたくさんあって、ふりかえりをキャンセルしたいと思っても、その誘惑には抵抗することだ。アジャイルを単にベロシティを向上させるための手段と考えているチームや組織にとって、ふりかえりは生産に使える時間を無駄に浪費しているように見えるかもしれない……。結局、何も作らず、座ってものを作る方法について話しているだけだからだ。だが、チームに新しい働き方を取り入れてほしいなら、チームが働き方について考える時間を作ることは必須で交渉の余地はない。ふりかえりがなければ、どんなアジャイルプラクティスでもその潜在的な力を発揮できはしない。チームがプラクティスを単なる「いつもどおりのビジネス」だと捉えて、疑問を投げかけたり適応したりすることもないからだ。

5.6　この原則をすばやく実践する方法

　不確実性に対する計画づくりを実践するというアジャイルの原則を実践していく上でできることを、チームごとに見ていこう。

マーケティングチーム

- 「ブランドとしての約束は何か？」とか「ブランド・ボイスは何か？」といった大局的な質問を再評価するために、定期的なリズムを設定しよう。
- 日次や週次の会議では、実施中のキャンペーンのパフォーマンスに関してリアルタイムのフィードバックを提供しよう（これらは、アンドレア・フライリアーが提案してくれたアイデアだ）。

セールスチーム

- 新しいプロダクトやマーケットをテストするための小さな「SWATチーム」を作ろう（アラン・バンスのアイデアだ）。
- だいじなピッチやセールスコールのあとにふりかえりをしよう。

経営幹部

- 長期的な計画サイクルのなかで、固定されているものは何か、柔軟なものは何かを明確に伝えるようにしよう。

プロダクトエンジニアリングチーム

- プロダクトを一から作り直せるならプロダクトがどんなものになるのか。プロトタイプを作るために1スプリント用意しよう。

アジャイル組織全体

- 複数チームからなるプロジェクトで共同のふりかえりをするために、一時的に機能横断的なタスクフォースを作ろう。
- 新規プロジェクトの計画すべてに、全体の方向性を再評価する機会を明示的に含めるようにしよう。

5.6.1　良い方向に進んでいる兆候

あなたとチームが多少の不確実性と理解の及ばない点を抱えている

　不確実性に対する計画は、不確実性を受け入れることを意味する。確実性を求める態度とは、すなわち、議論で結論が出て決定したら、組織はミッションクリティカルな新しい情報を探して対処することはないという態度だ。原則を本当の意味で受け入れるのは、確実性を求める態度を捨てることを意味する。不確実性や不安を抑えたり我慢したりするのではない。原則は、顧客や急速に変化する世界のことをずっと学ぶように導いてくれる。

　この勢いを維持するには、次のようにしよう。

- 定期的に顧客や市場に関する新しい情報を組織全体の人たちと共有する場を設ける。
- 顧客についてのオープンクエスチョンを組織の別のところにもぶつけてみる。答えがどうあるべきかが明確でなくて構わない。
- 問題に対して複数の解決策を出す習慣を身に付ける。1つの「正しい」ものを出すのではなく、複数のものを出して、それぞれのメリット・デメリットがわかるようにする。

顧客価値を作り出さないプロジェクトを定期的にやめている

　多くの組織では、プロジェクトをやめることは失敗のように感じている。プロジェクトの責任者は、面子やリソース、ときには自分の仕事さえも失うリスクがある。だが本当の意味で不確実性を受け入れている組織であれば、プロジェクトをやめるのは成功の兆候だ。つまり、顧客やマーケットが変わる可能性を受け入れ、もはや成功しないと学んだことに対しては追加でリソースを投下しないようにする。プロジェクトリーダーが「このアイデアはやめて、リソースは

ほかのところに使うべきだと思う」と安心して言えるようになれば、本当の意味でのアジャイル組織の実現に向けてうまく進んでいるのだ。

この勢いを維持するには、次のようにしよう。

- 勇気を持って進行中のプロジェクトの軌道修正をするチームやプロジェクトリーダーを認めて褒め称える。
- 「時間どおり」、「予算どおり」といった運営上の指標ではなくて、作り出した顧客価値をもとにすべてのプロジェクトを計測する。
- やめたプロジェクトとその理由を記録しておく。そうすれば突然理由もなくそのプロジェクトが復活するのを避けられる。

あるアジャイルプラクティスがチームでうまく機能しない場合、一緒にそれを変えている

アジャイルの旅の最終的な目的は、組織全体が1つの安定した一貫性のあるプラクティスや儀式をもれなく使うことだと思うかもしれない。だがこのゴールはアジャイルソフトウェア開発宣言の最初の「プロセスやツールよりも個人と対話を」という項目と真っ向から対立する。組織の人たちが変化するにつれて、アジャイルプラクティスも変化しなければいけない。仕事のやり方がチームのニーズを満たすように進化していっているのであれば、それはアジャイルプラクティスの実践に失敗している兆候などではなく、アジャイルの原則に沿っている証拠だ。

この勢いを維持するには、次のようにしよう。

- チームを越えて、進化したアジャイルプラクティスの情報を共有する。たとえば私が一緒に働いたチームでは、自分たちが変えたところ、何を期待してそうしたか、**実際どうだったか**、さらにどうするつもりかをメモにして送っていた。
- チーム内で、グループでも1 on 1でも、アジャイルプラクティスがどんな

価値を提供してくれているかについて率直な議論をする。

- うまくいったプラクティスに名前をつける。たとえばSpotifyモデルとかエンタープライズデザイン思考といったものだ。そうすることで自分たちが使っているプラクティスに対する全員の当事者意識を向上できる。

5.6.2　悪い方向に進んでいる兆候

あなたの組織では、決定を下す際に100%の確実性を要求している

　私が実験のプラクティスを組織にコーチングしているときによく聞かれるのが、「いつになったら100%正しいと言えるようになるでしょうか？」というものだ。これは、彼らがマネージャーから聞かれる質問であることが多い。そしてこの質問は見かけ以上に危険な質問だ。組織が100%の確実性を求めるとき、既存の計画を複雑にするような新しい情報を隠ぺいしたり除外したりすることを暗黙的に推奨しているようなものだ。それゆえ、過度の確実性を求める組織は、実際には未知のことや予期せぬことに対して非常に脆い。

　このような状況のときには、次のようにしよう。

- 不確実な世界で絶対的な確実性を求めている場合は、目に見えないリスクについて会話を始める。
- 「答えられない質問」や「変化する可能性のあること」を正式にプロジェクト計画の一部にする。そうすることで不確実性は避けられないことを伝え、別の成果に備える。
- 意思決定を低インパクト〜高インパクト、不確実〜確実の軸でマッピングする。これによって「確実なこと」と重要なことを区別し、多くの情報にもとづいてリスクに関する話ができるようになる。

次年度の年間計画会議や予算会議まで重要な情報を保留し続けている

　通常の組織的なサイクルにおける危険の1つは、公式のタイミングや場所が来るまで重要な情報を**手元に留める**ように仕向けてしまうことだ。エンジニアが次回のデイリースタンドアップまで重大なブロッカーを共有しなかったり、マーケティング担当者が次回のキャンペーン計画のサイクルまで顧客インサイトを棚上げしたりするのも同じだ。こうやって自動的に遅延が起こることで、リソースは無駄になり、機会が失われ、通常のリズムが戻ったときにはボトルネックになる。

　このような状況のときには、次のようにしよう。

- 進ちょくを追跡し新しい情報を共有するために、開催間隔の長い会議のあいだに、もっと頻繁なチェックインを予定に入れる。
- どんな種類の情報が時間軸に関係なくすぐに報告が必要な「緊急事態」なのか、それを誰に報告すべきなのかをチームで話し合う。
- 顧客や経営幹部から入ってきた「緊急事態」の情報を扱うための正式なテンプレートを作る。これによって、いつでも重要な新情報が出てくるという現実を考慮しつつ、枠組みや手続きを維持できる。

「アジャイルなので」その仕事の仕方をしている。それだけだ

　あるプラクティスが「アジャイル」だからといって、あなたの組織に適しているとは限らないし、すばやく柔軟な方法で顧客に価値を届ける助けになるわけでもない。ある仕事の仕方をしている大義名分が「アジャイルなので」というものなら、あなたやチームメンバーが自分たちの仕事の仕方について共通の目的や当事者意識を持っている可能性は低いだろう。

　このような状況のときには、次のようにしよう。

- 最初に使ったプラクティスはどんなものでも単なる出発点であることを明確に伝える。今から半年後のチームの働き方は本で読むフレームワークや手法とは**異なるべき**だし、**実際にそうなる**という明確な期待値を設定する。
- アジャイル導入における絶対値での指標（たとえば、ここから5年で20%のプロジェクトにアジャイルを導入する）をはねのける。こうすると、アジャイルの原則と実践が無意味なチェックリストに簡単に陥ってしまうからだ。
- 剥奪試験をする。1週間のあいだアジャイルの儀式を停止して、何が起こるか見てみる。そのあとチームでふりかえりを実施し、これをリセットの機会として活用し、何がうまくいっていて何がうまくいっていないかについて率直な議論を始める。

5.7　まとめ：変化はよいものだ。
　　　それを望むなら

　心理学者のヴァージニア・サティアは、「ほとんどの人は、不確実性の悲惨さよりも、不幸の確かさを好む」という名文句を残している。アジャイルは、一貫性がなく予測不能な世界から新しい情報を取り入れるための一貫していて予測可能な機会を提供する。それによって、不確実性をそれほど悲惨ではないものにできるのだ。多くの枠組みがあることで最終的には高い柔軟性がもたらされるという考えを受け入れることで、私たちはチームの日々のプラクティスを具体的な手段として使い、変化に対する恐怖とそれに伴う機会損失を軽減できるのだ。不確実性に対する計画は、新しい情報によって進ちょくが損なわれるという不安な気持ちを、手遅れになる前に新しい情報を取り込めるという感謝の気持ちに変えるのだ。

6章

3つの原則に従い、速くて柔軟で顧客第一なのがアジャイル

これまでの章で、顧客中心主義、コラボレーション、変化の許容という3つの原則を見てきた。これらの原則は、アジャイルがこれほど強力なムーブメントとなった理由を捉えている。原則のどれかに従えば、変化の速度を増す現実世界と対立せずに働こうとするどんなチーム、組織にもすぐに変化をもたらすだろう。だが本当にすごいのは、3つの原則を合わせて適用し、学習、コラボレーション、デリバリーの安定したサイクルを確立できたときだ。

このサイクルに勢いをつけられれば、本当の変化が起こると信じられるようになる。アジャイルの中心にある原則とプラクティスの化学反応によって、チームの新しい働き方が生まれる。なぜこのようなやり方でやるのか？という問いを立てられるようになる。自分たちのやり方にオーナーシップを持つにつれて、どんな組織改革を試みても「いつもどおりのビジネス」が続いてきた根底にある思い込みや期待に対しても、問いを投げかけられるようになる。

有意義で持続可能な変化のための場を作るには、組織改革の成功を約束できるフレームワークやプラクティスは存在しないという事実を認めることだ。アジャイルを使おうとしてみれば、組織運営がパズルを解くようにはいかないことがわかる。変わり続ける顧客のニーズを満たすために一緒に働く個人の集まりが組織なのだ。組織の個人個人には、組織を速く、柔軟で、顧客第一にする役割がある。その意味では、「みんなでアジャイル」は、アジャイルの適用範囲が広いという意味にとどまらない。アジャイルは組織の**全員**に適用されたとき、いちばん効果を発揮し、変革を促進する。どんなレベル、チーム、役割でも、日々の仕事に原則を適用しなければいけない。

6.1　アジャイル組織のリーダーシップ

アジャイルの実践者と会話していると、たいていすぐにリーダーシップについての議論になる。2016年のハーバードビジネスレビューの記事「アジャイル

開発を経営に活かす6つの原則（https://bit.ly/2A2Y9S2）」[†1] では、アジャイル変革活動がそれを要求したリーダーによって阻害される例について説明している。

> 企業幹部にアジャイルを知っているかと聞くと、たいがいは不安げな笑みを浮かべて「生兵法ですけどね……」といった逃げ口上で答える。なかには「スプリント」や「タイムボックス」といったアジャイルの専門用語をまくし立て、我が社の機動性は日々高まっていると断言する幹部もいる。しかし専門的な研修を受けていないので、アジャイルの何たるかをきちんとは理解していない。その結果、彼らは、それと知らずにアジャイルの原則と実践に逆行するようなマネジメント手法を続け、自分の管掌する部署にいるアジャイルチームの効率性を削いでしまう。

　トレーニングは有効だが、あくまで解決方法の一部分にすぎない。アジャイルのトレーニングを何時間も受けても、アジャイルで何が期待されていて、それはなぜかをまったく理解できていない人がたくさんいる。自分自身が初めてのアジャイルの経験から学んだのは、チャレンジが大きくなるにつれ、華々しいアジャイル用語ではないアジャイルの根底にある価値観が、長年「いつもどおりのビジネス」を回してきた組織のリーダーたちのふるまいや期待と合致しなくなるということだ。組織重力の３つの法則は、組織のリーダーに対して**表6-1**に示すような影響を及ぼす。

---

†1　訳注：日本語版はhttps://www.dhbr.net/articles/-/4414から購入できる。

表 6-1　組織重力の 3 つの法則と組織リーダーへの影響

組織重力の法則	リーダーへの影響
1. 日々の責任範囲やインセンティブと合致していない場合、組織内の個人は顧客と対面する仕事を避ける。	● 多くの組織では組織図のトップは、顧客のニーズやゴールを直接理解する場所からはいちばん遠いところにいる。 ● 顧客との直接の接触を避けるリーダーは、チームや組織に顧客中心主義の価値観を教えるのに苦労する。 ● リーダーにアドバイスを求めたり、アドバイスに盲目的に従ったりすることが、顧客から直接学ぶことよりも戦略的とされる。
2. 組織内の個人は、自身のチームまたはサイロのなかで安全かつ簡単に完了できる仕事を優先するようになる。	● 多くの組織では、リーダーが成功の指標の優先順位づけを行い、直下のチームをコントロールする。 ● ゴールやインセンティブが一致していないチームは、直接のコラボレーションを避けるようになり、ずれを見つけて解決するのがリーダーにとって困難になる。 ● 複数チームの協力を必要とする作業の完成が、たとえその作業が顧客視点で重要であったとしても、難しくなる。
3. 承認した最上位の人間が止めない限り動き出したプロジェクトは止まらない。	● 多くの組織で、個人レベルでは、リーダーが承認した計画を混乱させるような情報を共有するのは得策ではないと考える。 ● 既存の計画や想定を脅かす顧客インサイトは、骨抜きにされ丸く削られて、リーダーには届かない。 ● 新しい情報が知らされていないため、リーダーが確実に失敗するプロジェクトを守る状況になり得る。

　組織重力の 3 つの法則によって、仕事のやり方や顧客に関する情報でも「悪いニュース」と取られかねない情報は、マネージャーに気づかれないようにしたほうがよいと考える状況が作られる。このような状況が続くと、リーダーは同僚や顧客が直面する課題を把握するのはほぼ不可能になる。同時に、従業員は自分たちがリーダーに理解されておらず、権限も与えられていないと感じるようになる。何が起こっているかさえ知らないリーダーが、どうやって状況を改善できるだろうか。

　従業員と顧客が直面している課題のほとんどから隔離されていれば、組織の
リーダーは「いつもどおりのビジネス」が問題なく続いてるように感じる。この
ような状況でアジャイルを適用しようとすると、文化の大きな変革が目的とは
ならず、運用業務の漸進的改善となるのは驚くことではない。このため、**表6-2**
に示すように、リーダーがアジャイルの原則を誤って解釈する余地が大いにあ
る。

表6-2　アジャイルの原則と組織リーダーのよくある誤解

アジャイルの説明	リーダーの理解
「アジャイルは、顧客から始めるという意味です」	「私たちはすでに顧客中心の組織である。経営理念に書いてあるとおりだ！」 「これを新しい原則にしてしまったら、これまで顧客をどう扱ってきたと説明すればいいの？」 「自分たちのチームをもっと速くしなければいけないのに、なぜ顧客中心の話をまたやるの？」
「アジャイルは、早くから頻繁にコラボレーションすることです」	「自分もカレンダーに会議がたくさん入っているよ！」 「組織再編をしたいみたいに聞こえるが、このチームを再編したくはないよ」 「いいよ。何も完成させずにコラボレーションって言うのでなければね」
「アジャイルは、不確実性に対して計画することです」	「確実性がいるんだよ。不確実性はもうたくさんだ」 「『不確実性』を原則に入れるとは、データ、エビデンスによる判断をやめさせようとしているみたいだね」 「いい、とてもいい。でも年次計画は死守しないと！」

　チームや組織のリーダーにアジャイル導入への助けを求めるなら、批判で
はなく共感から始めるのが重要だ。新しいアイデアの意味を理解しようとし
なかったり、表面的な改善に止まっていたりするときも、彼らは自らの意思で
反対したり抵抗したりしていると想定しないほうがよい。戦略的保留と耳ざわ
りのよい情報のループから脱出するには、自分たちが率直でオープンになり、
リーダーたちに対して正直に接しよう。そして、リーダーも同じように行動でき

るようになってもらわなければいけない。

　個々のリーダーが課題を認識するのは、それまで正確に評価されることを避けてきた自身の性格や能力に向き合わなければいけなくなってからのことが多い。Kaas TailoredのCEOジェフ・カースとの会話が興味深かった。Kaas Tailoredは、ワシントン州シアトルで室内装飾品の注文製造販売を営んでおり、カイゼンやリーン生産方式の活用によってアメリカでの布製品の製造で利益を出せる状態だった。カースが社内での役割をコーチやコンサルタントに拡大するにつれ、リーダーが反省しふるまいを変えることの重要性に気が付いた。

　　組織で働くときは、リーダーにこう伝えることから始めます。プロセスは本当にシンプルで、頭と心と手を使うのだと。ほとんどのリーダーは頭では理解できます。ですが、重要なのは、感じることができるかどうかなのです。生活のために配慮を求めてきた人たちが、自分たちのやり方によってどれだけ傷つけられてきたか。それを心から感じられる瞬間はあるのでしょうか？　頭で理解し、心から「わかった。それは私にとって意義のあることだ」と言えれば、手はすごい勢いで働き出します。トップからこれをやることができれば、組織は変わるのです。

　　組織変革の熱狂は長くても6か月しか持ちません。みんなで正直になってみれば、企業改善と言う名のゴミにずっとまみれてきたことがわかります。なぜうまくいかないのでしょうか？　なぜ何回も何回も繰り返すのでしょうか？　それは、リーダーが失敗しているからなのです。組織のモチベーションを不誠実に操るような方法を本で学ぶからです。そんな本には「チームと一緒に学び、失敗を告白し、一緒にやろう」と書かれています。いろんなところに行き、教えることを何年も何年もやって、やっと気が付きました。「ああ、仕事で自分たちはすごいと感じられなければいけないんだ」と。これが士気の問題だと心から思ったとき、ビジネス側は簡単になりました。あなたを傷つけるようなやり方で企業を運営

する人に、私はなりたくありません。リーダーは大胆に実行する必要が
ありますが、すべての人たちに十分な敬意を払わなければいけません。

個人的なレベル、企業のレベルで、これをみんなが理解できるように助
けてきました。ツールが何かは重要ではありません。アジャイルだろう
がスクラムだろうが構わないのです。共通しているのは、市場が定義す
る価値を私たちは足せているかということです。それとも無駄を足して
いるのでしょうか。価値を足し無駄をなくすには、継続的に改善しなけ
ればいけません。理解していないリーダーも多いですが、「継続的改善」
とは、継続的に自分の問題を告白し、対応していくことなのです。

「継続的改善」は理論としては簡単でみんな合意できる。だが、最大限の努力
がまだ十分でないのを認めるという感情労働[†2]の準備ができていないリーダー
が多い。自分たちのビジョンや経験を越えていかなければいけないのだ。
　アジャイルの適用によって失うものがいちばん多いミドルマネージャーのよう
な人たちと働くときは、特に気を付ける必要がある。ミドルマネージャーの仕
事は、注意深く上向きと下向きの情報の流れを管理することだった。アジャイ
ルが信条とする透明性とコラボレーションとは逆の動きだ。IBMのCMOミッ
チェル・ペルーソが指摘するように、アジャイルのプラクティスと原則を適用
することは、ミドルマネジメントの役割の再構成を意味する。

　　巨大企業では、多くのミドルマネジメント層の人たちが存在し、情報の
　　上下への移動だけで一日中過ごしています。直属の部下から情報を集め、
　　上位のマネージャーに報告したり、上位のマネージャーやさらに上位の
　　マネージャーから情報を集めたりして、情報を分解して直属の部下に共
　　有します。本当にアジャイルなら、このようなハブアンドスポークモデ
　　ルは必要ありません。チームは、自分で問題解決する必要があるのです。

---

†2　訳注：感情労働とは、業務において自分の感情のコントロールが不可欠な労働のこと。

アジャイルの旅を続けるつもりなら、ミドルマネジメントの一部を取り除く必要を受け止めなければいけません。

良いニュースもあります。多くのミドルマネジメント層は、もっとインパクトを出せるように仕事の内容を変えることができるのです。情報を上下に流す必要は減りますが、アジャイルコーチや機能横断ギルドのリーダーの仕事は増えます。多くの人たちにとって、素晴らしい新しいキャリアパスが開けるのです。部下の数で成功を測っていたマネージャーにとっては大変かもしれません。突然、機能横断の世界に放り込まれるのですから。「ずっとこうやってきた。何年もかかってこの地位を手に入れたんだ」。それは確かにそうです。不満がたまるし、感情的に納得できないかもしれません。共感を持ってこの問題に正面から取り組む必要があります。

アジャイルをチームに説明しようとするとき、組織全体にとってどんなメリットがあるかを説明する場合が多くあります。ですが、同時に重要なのは、「アジャイルをやると、なぜあなたはより良いリーダーとなれるのか?」と質問することです。まず、アジャイルトランスフォーメーションの経験をレジュメに書ければ、市場価値が上がります。しかし、もっと重要なのは、アジャイルを実践することで、データサイエンティスト、クリエイティブ職、エンジニアと肩を並べて働き、彼らがどのように働くか理解できることなのです。途方もない学習環境にいることになります。アジャイルによって個人が何を得られるかを明確にするのが重要です。アジャイルの旅には、とても個人的な内容が含まれ、理解と強化が必要なのです。

　個人的な内容を尊重することによって、アジャイルの本質的な価値観につながる。組織のリーダーたちと強力で透明性の高い関係を築くことができる。そして、変化を怖がったり変化に抵抗したりする同僚たちとも、オープンさ、共

感そして好奇心によって関係を築ける。これが結局は、全員含んだ意味のある形で、アジャイルの原則とプラクティスを実現することにつながる。

6.2　チームと職能を横断してアジャイルをスケールする

　アジャイルに興味を持つチームが組織内に増えるにつれ疑問がわいてくる。それぞれのチームがベストな仕事をこなすための自律と権限委譲を保ちつつ、チーム間を同期するにはどうしたらよいだろうか?　アジャイルをチーム間にスケールさせるのは、大きくて難しい課題だ。SAFeやLeSSのような最近開発されたフレームワークや手法は、この質問に答えるよう設計されている。だが、どんなフレームワークや手法でも、ゴールと成功基準を明確に理解しないとフレームワークの罠にはまる。「全員がフレームワークのルールを守っている」だけでは不十分なのだ。

　アジャイルプラクティスをスケールする場合は、どうやって組織全体がアジャイルに働くかについて上位の確固たるビジョンが必要だ。私が議論したアジャイル実践者のあいだでは、そのような結論に至っている。IBMのCMOミッチェル・ペルーソは、チーム間の調整について強力なビジュアルのメタファーを使って説明してくれた。チームを歯車、調整が必要な点をリズムとしたメタファーだ。

　　マーケティング部門は歯車で、別の歯車とかみ合わなければいけません。プロダクトチーム、セールスチーム、マネジメントとかみ合う必要があります。このアナロジーは、ほかのチームとの関わり方についてオープンで重要な会話をするのに、とても役に立ちました。ある重要なビジネス目標にコミットするとき、ほかのチームは何をやったらよいでしょうか?　どんなマネジメントの原則やプロセスに従う必要があるでしょうか?　コンプライアンスや法務と調整が必要なチームもいるでしょう。

セールスのリズムと合わせなければいけないチームもいます。チームをなるべく小さく保とうとするでしょうが、小さな歯車は、どのようにほかの部分とかみ合って、リズムよく仕事できるでしょうか？

これは、どの歯車をかみ合わせるかは、非常に慎重な設計が必要となることを意味しています。たとえば、プロダクトマーケティングは、エンジニアリングチームの近くにいる必要があります。市場全体のニーズをエンジニアのために翻訳するのがマーケティングの仕事だからです。キャンペーンリーダーは、セールスチームと密接につながる必要があります。セールスチームは、通常週次のサイクルで動いています。つなげる必要のあるチームや作業をとても注意深く理解し、双方のチームに権限委譲して本当のアジャイルを適用し、それぞれのチームが説明責任を果たせるようにするのが重要です。

「なぜ、彼らはこちらのやり方でやってくれないんだ？」と言ってくるチームがいることもあります。そういうときは、それぞれのチームは自分が思う以上にやり方を変える権限を持っていることを思い出してもらうようにします。本当に実践の視点で取り組んでみれば、どうやって働いているか、どうやってつながっているべきか、どこはつなげなくてよいか、必ずやりようはあります。定期的な 1 on 1 が全員に必要なわけではありません。100 人に電話しなければいけないわけでもありません。

ほかにも良い質問があります。「適用しているアジャイルプラクティスのどこに人を呼べるだろう？」というものです。アジャイルでないチームにもアジャイルプロセスに参加してみたいチームはたくさんあります。もちろん参加したくないチームもあります。それはそれで構いません。チームが違えば、必要なものも変わってきます。必要なら、仕事のやり方に組み込んでいけます。「うちのチームはこのやり方しかやらない」と言う必要はありません。アジャイルの精神にのっとれば、1 か月もすればうまいやり方を思いつくかもしれないのです。

　この例からもわかるように、アジャイル組織でチームをつないで調整するときにいちばん重要なのは、質問をすることだ。すぐに断定的な答えを求めることではない。別の部署のメンバーを呼んで自分のチームのアジャイルプラクティスに参加してもらうのも、「プル」のきっかけになる。「プッシュ」ではなく「プル」によって、アジャイルが必要とされている場所に自然と広がっていく。すぐにメリットが得られない部署にアジャイルを「プッシュ」するより良い方法だ。

　スキルやゴール、ニーズが異なるチームをまたいでこのような「プル」を生み出す効果的な方法は、顧客に貢献する共通のゴールに集中することだ。Slackのグローバルマーケティング担当VPを務めるケリー・ワトキンスは、プロダクトチームとプロダクトマーケティングチームをカスタマーオブセッションという共通の認識に至らせた方法をこう説明してくれた。

　　プロダクト開発とマーケティングについて考えてみましょう。両者を本当の補完関係にする方法はたくさんあります。しかし、多くの組織で使われているのは、プロダクト開発で何かが終わったら、マーケティングに受け渡すというやり方です。このやり方は壊れていると私は思っています。チームを並行して動けるようにして、一緒になって締め切りに間に合わせようとするのではなく、マーケティングチームがあとで追いつくのを期待しているのです。不幸なことに、マーケティングチームはゲートキーパーの役割も果たさなければいけません。どんなフィーチャーでもマーケットに出すまでには必要な役割です。プロダクトの開発プロセスを知らない状態で、ストーリーを作り、アセットを作り、ビジョンを明確化し、仮説を検証しなければいけません。結果として、プロダクトチームとマーケティングチームは反目するようになります。マーケティング的にもよくありません。マーケティングチームはプロダクト開発チームから遠く切り離された状態で、どうやって（手に取らずとも）プロダクトが本物と感じられるストーリーを考えられるでしょうか。そこでプロダクト開発はマーケティングに次のように要求すること

になります。「これが何かわからないし、ユーザーが誰かも知らない。でもマーケティングで、すごいと説明しといてよ」というものです。マーケターがフィーチャーの開発プロセスに関わっていたら、プロダクトの「なぜ」を理解し、はるかに本物のマーケティングを行えることでしょう。

Slackで、プロダクトチームとプロダクトマーケティングチームのあいだをうまく調整する方法を探し始めたとき、まず本当に解決したいことから始めました。まず、プロダクトチームとプロダクトマーケティングチームが方向をそろえて、共通の目的を持つようにしたいと考えました。そのため、初期のアイデアからローンチまでずっと、マーケターがプロダクトに関与しプロダクトチームと連携するようにしました。こうすれば、マーケティングは全体のプロセスに積極的に関わることになります。最後に言葉で叩かれることもありません。たとえば、プロダクトのローンチのときに書くブログ記事を開発の初めに書くこともできます。そして、プロダクトがどのように進化するかを追跡できるようになります。

次に、プロダクトマーケティングを、プロダクトについての素晴らしいインサイトを開発チームに取り入れるポイントにしたいと考えました。そこで四半期ごとのプロダクトロードマップの確定前に、プロダクトマーケティングがセールスや顧客サポートなどの顧客と直接やりとりするチームから得たフィードバックを、プロダクトチームに確実に伝えるプロセスを開始することにしました。そうすることで、プロダクトチーム、プロダクトマーケティングチーム双方が顧客を本当に知り、一緒に顧客中心のチームになれるのです。

私たちにとっての質問は、「プレッシャーをかけすぎずに、調整できる適切な交差点をどうやって作れるか？」というものでした。そこで、期待値を設定し、アイデアを共有し、そして共に参加するようにしました。誰が参加するのかも明確に定義しました。また、「どうやって」に余裕を持たせておくことで、個々のチームが個別のニーズに合わせて最適化する

余地を残すようにしました。

　この例から、必ずしもプロダクトマーケターをプロダクトチームに埋め込まなくてもよいことがわかる。むしろ、壊せそうにない組織サイロでも、チームのやり方をすべて同じにそろえなくても、組織の壁は実質的に壊せるということだ。達成したいゴールと解決しなければいけない課題を明確に理解できれば、それぞれのチームの戦術ニーズを満たせるように裁量を与えることができる。

　図 6-1 に示すように、「なぜ」、「どうやって」、「何を」の自己強化ループを使い、個々のチームの仕事のスタイルを尊重しつつ、組織のなかのチームにアジャイルを広げていける。

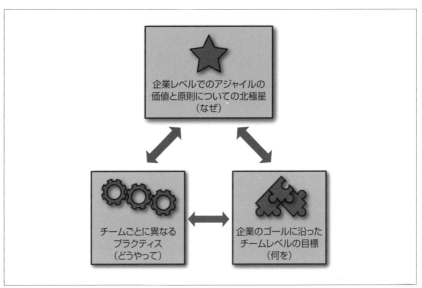

図 6-1　共通のアジャイルの価値と原則を使って複数のチームをまとめることで組織内にアジャイルをスケールさせ、チームレベルの目標と会社のゴールをそろえる。

　4章で議論したように、個々のチームの目標が全社のゴールと調和しているのを保証する活動は、組織の異なる部分を効果的に「かみ合わせる」上で重要なス

テップだ。アジャイルをスケールする形で実現するために、利用できるステッ
プをいくつか見てみよう。

アジャイルの価値観をすでに実現しているチームを見つけ、一緒に始める

組織にアジャイルをスケールさせる最良の方法が、アジャイルなやり方を
身に付けているチームを見つけることであることも多い。たとえアジャイル
と呼ばれていなくても、チームのやり方をドキュメントにし、使っているプ
ラクティスを共有しよう。**4章**で説明した、合衆国の前CTOミーガン・ス
ミスが使った、発掘・スケールアプローチとも合致する。原則から入るア
ジャイルのモデルとしても素晴らしい。

組織の現実を認識し、そこから前に進む

アリスター・コーバーンは、アジャイルソフトウェア開発宣言の署名者で
あり、本書の執筆に大きなインスピレーションを与えてくれた人でもあ
る。彼は組織のアジャイルをスケールさせるときに繰り返し問うべき内容
（https://bit.ly/2IHkwTc）をまとめた。私のお気に入りだ。この問いは、お
互いに関連する4つの質問からなる。

- 今やっていることとは関係なく、どうやったらコラボレーションを増やせ
  るか？
- 今やっていることをすべて考慮した上で、どうやったら顧客向けの実験と
  デリバリーを増やせるか？
- 立ち止まって、今やっていることや周りで起こっていることをふりかえっ
  てもらうにはどうすればよいか？
- 小さな改善をするために、組織内の別の階層の人たちは、どんな実験を
  するか？

これらの質問、特に最初の2つは、明確で強力なメッセージを送っている。
「私たちの組織は階層的で、サイロで分割されていて、それからそれから
……。でも、それが変えられないとしても、**何かできる**んじゃない？」とい

うものだ。可能性という観点で質問することで、行動を促し、改善を提案し、会話を促すことができる。

ツールや技術にこだわるな

それぞれのチームがそれぞれの仕事をやっているとき、当然それぞれ別のツールを使いたくなる。エンジニアリングチームがJiraのようなツールを使っている一方で、技術以外のチームが混乱や使いにくさを感じているのは珍しいことではない。だが、こんなことでチーム間のつながりが阻害されたり、足並みを乱されたりしてはいけない。ほかのチームとつなぎやすいツールセットを探したり、情報を誰でも使えて技術に依存しないフォーマットで再作成したりしよう。付箋紙やホワイトボードなどがそれにあたる。

リーダーたちにまねしてもらいたいふるまいのモデルになってもらう

組織重力の最初の法則が示すように、組織の人間は、リーダーが**言っていること**ではなく、リーダーが**やっている行動**をまねる傾向がある。組織にスケールさせたいアジャイルの価値観をシニアリーダーが体現できるように手伝おう。

多くの場合、ほかのチームのメンバーとコンタクトして、どうやって仕事をやっているかを教えてほしいと頼むだけで、最初の重要なステップは進められる。コミュニケーションの方法をオープンにするだけで、異なるチームを共通のゴールに向けて同期化しつつ、それぞれのツールや戦術を追求できるようになる。

6.3　全員を結び付けるストーリー：IBMでのエンタープライズデザイン思考

アジャイルの原則に従っている組織変革の取り組みでも、「アジャイル」と呼ばれないことがある。IBMの技術理事であるビル・ヒギンズに、アジャイル導

入の成功体験について尋ねたら、びっくりする答えが返ってきた。アジャイル
を導入するのではなく、エンタープライズデザイン思考のプラクティスを導入
したのだそうだ。興味を持った私は、IBMのフェローで、プラットフォームエ
クスペリエンス担当VPのチャーリー・ヒルに、IBMがどうやってアジャイルと
デザイン思考を組み合わせ、顧客中心主義、コラボレーション、好奇心といっ
た価値観を実現しているのかを尋ねた。

> 「ベロシティ」について考えるとき重要なのは、市場でのベロシティです。
> いちばん重要な質問は、市場でユーザー価値を実現し、ほかの選択肢よ
> りもよいと認識してもらえるか、ということです。競合よりも先にユー
> ザーに届けられるか？　届けられなければ、困難が待ち受けています。
> 内部のベロシティを測るのに時間をかけすぎてしまうと、プロセスの効
> 率化に夢中になる一方で、市場を見失ってしまうリスクがあります。
>
> IBMでは、スクラムのような特定のアジャイルプラクティスによる標準
> 化はしないことにしました。それでもIBMでアジャイルはよく使われて
> います。プロダクト開発チームにデザイナーを参加させ始めたとき、す
> でにチームが使っているアジャイルのプラクティスに加えて、デザイン
> 思考から学んだユーザー中心の考え方をスケールさせるプラクティスも
> 加えることにしました。スクラムチームレベルだけではなく、「チームの
> チーム」という大きなレベルに対してもです。「チームのチーム」のように
> 大規模にプラクティスをスケールさせるには、何を達成したいのかとい
> うメンタルモデルを共有することが必要です。
>
> このメンタルモデルを提供するために、エンタープライズデザイン思
> 考を作りました。モデルを実行可能にするために、私たちはキーと呼ぶ
> ものを導入しました。キーは、ヒルズ、プレイバック、スポンサーユー
> ザーという3つの中心的なプラクティスでできていて、どのチームにも
> 適用してほしいものです。

ヒルズは、対象のユーザーに対する大胆かつ達成可能な成果を設定し、想定する期間内に成果を達成できるかどうか賭けることです。想定する期間は、市場の理解にもとづくものであり、自分たちの開発能力によって決まるものではないことに注意してください。たとえば、「３か月後に、ユーザーは３分以内にX、Y、Zの３つの操作を100%セルフサービスでまったく外部の手を借りずに実行できるようになっている」といったものです。明確かつ限定的で、達成できたかどうかを明確にテストできる成功基準を定めています。このあとで、どうやって達成するかを自己組織的に考えるのはチームの役割です。

プレイバックは、イテレーションの終わりのデモに似ていますが、UX全体を圧縮したものです。通常のイテレーションのデモでは、開発したフィーチャーをデモします。プレイバックのデモは、もっと上位のものです。直近のスプリントで完成したインターフェイスをウォークスルーするのではなく、達成した成果をもとにしたUX全体をウォークスルーするのです。ユーザーのニーズがプロダクトの利用範囲外にあって、そこでExcelを使う必要があるなら、それもデモしなければいけません。今では、全員がプレイバックをやっています。ユーザーの現在または将来の経験に向けて、チーム全員をそろえる働きがあります。エンジニアであろうが、運用であろうが、マーケティングであろうが、ユーザーの経験が効果的であったか、そのために何が必要かを知ることになります。

最後に、プレイバックに参加してユーザーとしての経験を共有し会話に参加してくれる想定ユーザーをスポンサーユーザーとして募集します。ユーザー調査、テストなどをやっていたとしても、さらに有機的な対話をユーザーと共有できるようになるのです。「ユーザーの声」を文字どおりユーザーの声と受け取る文化が育つことになります。本当のユーザーが部屋にいるのだから当然です。

これらの「キー」をプロジェクトに提供し、一緒に働きました。こんなヒ

ルズがありました。「SaaSサービスの提供者は、新しいサービスを私たちのプラットフォームに1日以内に追加できる」というものです。プレイバックがどうなるかを想像してみてください。プレイバックに実際に参加したビジネスパートナーがこう発言します。「こんなやり方はしないなぁ」もしくは「完璧だ」。このようなやりとりで、ユーザーのニーズを理解し、実際の運用方法も明確になります。こうやって、私たちはアジャイルとデザイン思考を統合した形で適用しています。

　この例は、アジャイルの3つの原則が大組織に意味のあるインパクトを与えられるという素晴らしい例だ。特にこの例から学べると思っている点をあげよう。

内部ベロシティがゴールでないと明確に理解してから始めている点

開発速度の向上を目指して始めるアジャイルへの取り組みも多いが、エンタープライズデザイン思考は、顧客視点でのスピードが必要であることを理解して開始している。

企業に共鳴する言葉を利用している点

1章でも説明したが、顧客フォーカスとユーザビリティを目指す組織にとって、デザイン思考の視点は欠くことができないと認識されつつある。アジャイルとデザイン思考の公式な差で止まることなく、IBMは組織に対していちばん意味のある形で用語を利用した。

顧客体験を中心にして、異なるチームや職能の人たちを団結させた

アジャイルの原則に即したプラクティスのなかで、プレイバックほど人を結び付けるものはない。機能横断的なコラボレーションを促し、軌道修正するための機会をあらかじめ組み込み、それらを顧客体験を中心にして進められるといった効果がある。

「プッシュ」ではなく「プル」によるスケール

「今では、全員プレイバックをやっている」と「チームのイテレーションでは

プレイバックは必須としている」の差を認識してほしい。組織にプラクティスが適合し、リーダーシップのサポートが得られれば、プラクティスは自然にチームのあいだにスケールするようになる。

エンタープライズデザイン思考のストーリーは、複数のムーブメントやツールキットから組織が必要なものを引き出し、それぞれのニーズやゴールに適合したプラクティスを作り上げるという素晴らしい事例だ。さらに、顧客や同僚にプラクティスが与える影響に比べれば、プラクティスを説明するのに使う用語自体は大して重要でないことも思い出させてくれる。

6.4　アジャイルプラクティスの探求：WHPI（なぜ、どうやって、プロトタイプ、繰り返す）

プロダクトマネージャーとして働いていた頃、チームで採用するアジャイルプラクティスやフレームワークを見つけるのに困ったことはなかった。開発チームのニーズにあったプラクティスやフレームワークはたくさんあり、実際に試した人もたくさんいて、多くの人が書籍やブログで経験とやり方を気前よく公開していた。

だが、自分の仕事がコンサルティング中心になってからは、どうやってプラクティスを選び、さまざまなチームのさまざまな成果物に適用していくかはそれほど明確ではなくなった。数か月にわたる常駐のコンサルティング契約のなかで毎月エグゼクティブサマリーを作ることもあれば、顧客インサイトをすばやく生み出せるワークショップを作ることもあった。それらは、ソフトウェア開発とは大きく異なり、プラクティスが**うまくいっているか**を客観的に判断する方法もなかった。自分たちの役割もソフトウェア開発チームほど明確になってはいなかった。「ビジュアルデザイナー」や「フロントエンドエンジニア」のような肩書きはなく、それぞれいろいろな方法で貢献していたからだ。

　プロセスがはっきりしないなかで、私たちは技術的ではない作成物に取り組む上でよくある課題に直面していた。作成物のスコープは見えにくく、作業中にどんどん膨らむのを避けられない。特にアウトラインから、実際のドキュメントやプレゼンテーションにするときに膨らむ傾向にあった。それぞれの作成物のクライアントにとっての価値も、自分たちにははっきりしなかった。それも、「抜けがあってはいけない」ために作成物のスコープを大きくする結果となった。一緒に働くのは好きだったが、誰が何をいつ何のためにやるのかは明確ではなかった。

　自分たちのチームや作成物は、アジャイルのプラクティスの教科書どおりには当てはまらなかった。だが、アジャイルの原則は、方向を決めるのに役立つのは確かだった。

　そこで、自分たちは本書の基本になっている質問をすることにした。顧客（この場合はクライアント）のニーズを明確に理解してから始めているか？　実行時の離齬を防ぐために早くからコラボレーションしているか？　やり直しが必要にならないように新しい情報を取り入れる機会を十分に設けているか？

　計画会議やふりかえりの際に定期的にそれらの質問をして、プラクティスを変えていった。1年ほどの実験ののち、自分たちのアプローチをWHPI（フーピーと発音する）と呼ばれるプラクティスにした。「Why（なぜ）、How（どうやって）、Prototype（プロトタイプ）、Iterate（繰り返す）」だ。WHPIは4つのステップからなる。**表6-3**に概要を示した。まず、**なぜ**その成果物を作るのかを協力して決定する。**どんな**影響を与えたいのか、クライアントにどんな価値があるのか？　そして、どうやって価値を届けるか、何が作成物に実際に含まれるかを協力して決める。最後に、タイムボックスを決めて**プロトタイプ**を作成するというタスクをチームメンバーに与える。クライアントにしてもらいたい経験を模倣するプロトタイプだ。そしてプロトタイプにもとづいて、最初に設定したゴールにどれだけ近づけたかを判断し、**繰り返す**。

表6-3　WHPIのステップ

ステップ	参加者	タイミング	アウトプット
1：なぜ	主要なステークホルダーの小さなグループ	15〜30分	プロジェクトが顧客ニーズにもとづくようにするためのざっくりとしたゴール
2：どうやって	主要なステークホルダーの小さなグループ	30分	作成物でゴールを達成するやり方を記述した計画
3：プロトタイプ	プロトタイプをすばやく作る能力のある人なら誰でも	1〜2時間	顧客のために作ろうとしているものの「動くソフトウェア」であるプロトタイプ
4：繰り返す	主要なステークホルダーの小さなグループ	30分	次のプロトタイプの計画（ステップ3に戻り、繰り返す！）

　WHPIは、**どんなチームでも**使える強力なアジャイルツールである。作成物の種類やタスクの種類に関わらず活用できる。以下では、それぞれのステップをどうやって実施しているかの簡単なウォークスルーと、チームのニーズに合わせてプラクティスを適用する場合の注意点について説明する。

6.4.1　ステップ１：なぜ

　このステップでは、重要なステークホルダーを数人（2〜4人）集めて、プロジェクトや作成物のゴールをすばやく確認する。可能なら、物理的に（最低でも仮想的に）同じ場所で作業をする。付箋紙を使うと、アイデアの進化に合わせて捨てたり、書き直したりしやすい。このセッションには、15〜30分の時間制限をかける。重要なステップに厳しすぎて柔軟性に欠ける制限をかけているように感じるかもしれないが、この時間で真実が暴かれることが多い。15〜30分でざっくりしたゴールを定義できないなら、先に進む前におそらくもっと情報を集める必要がある。このステップで、想定を確認するための基礎調査を実施したり、クライアントに明確化のための質問をする必要があるのに気づいたりしたケースは何度もある。最初の「なぜ」というゴールに合意できたら、ゴールを

今後の作成物を作成する作業場所からよく見える中心の位置に掲げる。

　ワークショップのエグゼクティブサマリーを設計しているなら、ざっくりと「なぜ」を書いた付箋紙は次のようになるだろう。

- プロジェクトの勢いの感覚をシニアリーダーシップに伝える。
- ワークショップでの重要な「気づき」の瞬間を参加者に思い出させる。
- 参加していないクライアントの従業員に興味を持ってもらう。

　どれも、どうやってゴールを達成するかについては記述していないことに注意してほしい。

6.4.2　ステップ2：どうやって

　プロジェクトのゴールを決定したら、達成の方法を決めるという難しいタスクに取り組む。このステップを「道具を決める」と呼ぶこともある。何をしたいかはわかったので、どんなツールを使い、どんなアプローチを使うか？　を決めるのだ。「なぜ」を決めたのと同じステークホルダーのグループで、続けて「どうやって」を検討することをお勧めする。「どうやって」を決めるステップで、チームの「なぜ」のうちの1つか複数が、実際には実行レベルの「どうやって」になっているのに気づくことが多い。

　たとえば前の節で、「参加していないクライアントの従業員に興味を持ってもらう」という「なぜ」を設定した。このプラクティスを使う前は、ゴールを「参加者に用語とフレームワークを提供し、内容を同僚と共有してもらう」と定義していた。「なぜ」と「どうやって」を分けるようになってから、重要な2つの質問が抜けていたことに気が付いた。内容を同僚に共有するのがなぜ重要なのか？　ゴールを達成するのにいちばん簡単な方法は何か？　用語とフレームワークは本当に必要なものか？　本書を通じて議論しているように、顧客と顧客のニーズから始めることで、当初想定していたよりも**少ない仕事で**できることがある。また、当初予定していたものとは本質的に異なるものを届ける必要があること

に気づくこともある。

「なぜ」があることで、その後の「どうやって」に合意でき、実行のガイドになる。

- ２ページ程度の短さで読みやすく簡単に共有できるエグゼクティブサマリーを作る。
- 参加者の自発的な発言を使って、勢いの感覚をシニアリーダーに伝える。
- ワークショップの写真を使って、「気づき」の瞬間を参加者に思い出させる。
- ポジティブな成果を見出しにして、説明を少なくすることで、作成物の密度を濃くして広い興味を呼ぶものにする。

これまで見たように、「どうやって」は、表明したゴールを満たすはずのものを作るための実行可能なロードマップや計画を提供する。作るものの形を決め、「なぜ」に直接答え、明確で実行可能な境界を設定し、作成物のスコープが無節操に大きくなるのを防ぐ。このような明確な計画があれば、次のステップでどのアプローチを取るにせよ、作成を誰かに依頼するのも簡単になる。

6.4.3　ステップ３：プロトタイプ

「なぜ」と「どうやって」が定義できたら、タイムボックスを決めてプロトタイプを作る。「プロトタイプ」という言葉は、コンテキストによってさまざまな意味を持つ。このプラクティスでは、プロトタイプを以下のように定義する。

- プロトタイプは、アウトラインや計画ドキュメントではない。求められる作成物やアウトプットと同じフォーマットで作られる。たとえばスライド付きのプレゼンテーションの「プロトタイプ」は、スライド付きのプレゼンテーションになる。
- 印刷した冊子の「プロトタイプ」は印刷した冊子だ。プロトタイプは、固定された有限の時間内に作られる（タイムボックスが決まっていると言う）。

　文章で説明するとこうなる。「プロジェクトのゴール(「なぜ」)のなるべく多くを達成し、合意した「どうやって」にもとづくアプローチや道具を使って、目的のアウトプットと同じフォーマットで、有限の時間で作られたもの」。マーケティング用のチラシを作るような小さなプロジェクトの場合、最初のプロトタイプが完成した初版に見えることもある。40ページのレポートのような大規模なプロジェクトなら、最初のプロトタイプは、20ページのレポートが半分に折ってステープラーで止められていて、ページ番号とセクションタイトルは手書きで、画像はプレースホルダーが配置されているようなものになるだろう。

　ここでのゴールは、**3章**で議論したように、なるべく顧客の体験に近づけることだ。すなわち、自分たちのバージョンの「動くソフトウェア」を作るのだ。一見素晴らしく見えるアウトラインや計画ドキュメントも、プレゼンテーション、レポート、ワークショップになると思ったとおりにはならない。作成物の最初のドラフト、つまりプロトタイプを作ることで、顧客体験に近づき、やり直しを減らし、自身の思い込みを早い段階で打破できる。

　自分たちの場合、最初のプロトタイプ作成は1人のチームメンバーに割り当てる。たいていは、単にキャパシティーの問題だ。明日、明後日くらいまで何時間かとってやれる人はいる？と聞いて答えがイエスの人に割り当てるだけだ。最初のプロトタイプのタイムボックスは2時間で十分だというのが私たちの認識だ。それだけあれば、プロジェクトのゴールに対して評価できる何かを作れる。もちろん、繰り返し改善が必要な点は山ほどある。

6.4.4　ステップ4：繰り返す

　最初のタイムボックスのなかでプロトタイプが作れたら、ステークホルダーの初期チーム(もしくはステークホルダーチームの一部)が集まってプロトタイプをレビューし、次のイテレーションの方向を決める。最初のフィードバックセッションで、自分たちはいつものプラスデルタフォーマット(https://bit.ly/2QEUFgi)を使っている。チームメンバーと話して、うまくいったことと、

次に改善することをあげる（これはふりかえりで使っていたフォーマットと同一
で、使い始めるのは簡単だった）。結果的に、自分たちはフォーマットをちょっ
と変えて、「保護、削除、洗練」と言うフォーマットを使うようになった。プロト
タイプのデモを受けて、ステークホルダーは3種類のフィードバックを返す。

- 次のイテレーションでも保護されるべきもの（「なぜ」に合致している）
- 次のイテレーションで削除されるべきもの（必要な「なぜ」に貢献していなさ
  そう）
- 次のイテレーションで洗練されるべきもの（「なぜ」に対応するもっと具体的
  で実行可能な方法が見つかっている）

いつものプラスデルタとの違いは、次のイテレーションで取り除くべき対象
を含めたことだ。このアプローチを使い始めて気が付いたのは、かなり大規模
なプロジェクトの場合でも、いちばん成功したイテレーションでの変更は、追
加ではなく削除のことが多いということだ。「削除」をフィードバックの一部と
し、イテレーションのループのなかで参加者に取り除ける部分を見つけること
を推奨する。結果として、より簡潔で密度の高い作成物になる。そして3つの
タイプのフィードバックをまとめて、「なぜ」に対応しているかを確かめること
で、不要な論争を避けて、感情を傷つけることなくプロジェクトを進められる。

フィードバックが収集できたら、メンバーをアサインして、また厳格にタイ
ムボックスを決めてフィードバックを取り込んだ次のプロトタイプを作る。直前
のプロトタイプを手直しする場合もある（パワーポイントのプレゼンテーション
を改訂する場合など）。また、直前のプロトタイプを見ながら新しいプロトタイ
プを作る場合もある（手書きのプロトタイプから、リードの作成物にする場合な
ど）。イテレーションの次のラウンドは、最初のプロトタイプを作った人が担当
してもよいし、チームのほかの人がやってもよい。たいてい2回から3回の繰
り返しで、プロトタイプは、最終的な作成物を共有したりプレゼンテーションし
たりする責任を持つ人の手に渡される。2回から3回の繰り返しのあとには、プ
ロトタイプは驚くほど完成品に近づいていることが多い。あとは、最後の仕上

げだけだ。

6.4.5　WHPIを使うときの注意事項

　私は同僚と共に過去数年間WHPIを活用してきた。作成物の品質や作成する
スピードともに大きく改善できた。自分のチームでWHPIを試してみたいなら、
いくつか注意する点がある。

「なぜ」をイテレーションのあいだに再考すること

　プロジェクトの途中で「なぜ」が変わることもある。アジャイルの原則がプ
ラクティスを作り上げる良い例でもある。不確実性を計画することを忘れず
に、それぞれのイテレーションにちょっとゆとりを作って「なぜ」を再考し
よう。「なぜ」に従って、「どうやって」も再構成する。これでイテレーショ
ンのなかで、プロジェクト全体を脱線させずに、新しい情報を活かして改
善する余裕が生まれる。

大きくて扱いにくいプロジェクトでプラクティスを試そう

　大規模なプロジェクト、大規模な作成物の場合ほど、プロトタイピングが
有効であると私たちは気が付いた。40ページのレポートのような大規模な
作成物の場合、数時間をプロトタイプに使うのは非生産的に見えるかもし
れない。締め切りに追われている場合は、詳細な情報のアウトラインを作り
たくもなる。だが情報のアウトラインからは、40ページのレポートを読ん
だ読者の体験は予測できない。そのため、プロジェクトのゴールを達成で
きるかもわからないのだ。

すべてのステップでゴールを意識する

　イテレーションのステップのなかで、フィードバックがプロジェクトゴール
を満たすかどうかにレーザーのように集中すること。このプラクティスを使
い始めた頃は、プロトタイプの格好よさに集中しすぎた。それで、WHPIフ
レームワークを作って、格好いいだけで役に立たないものを捨てやすくした

のだ。

自分の経験では、WHPIはフォーカスするための仕組みだ。教科書どおりの
アジャイル手法やフレームワークの適用に苦しんでいたチームに、使いやすい
アジャイルのプラクティスを導入する素晴らしい方法でもある。私たちと一緒
に作業する人たちに対してこのプラクティスの研修をやるのは楽しい。新しい
チームに導入するたびに、自分たちも何かを学べる。ほかのアジャイルプラク
ティスと同じように、WHPIも自分のものにしてほしい。実験してほしい。チー
ムが自分のゴールを達成するのに必要なら、どんな変更をしても構わない。

6.5　この原則をすばやく実践する方法

アジャイルの3つの原則を実践していく上でできることを、チームごとに見
ていこう。

マーケティングチーム

- プロダクトが完成する**前に**、プレスリリースやブログ記事を書くことを提
  案してみよう。プロダクトエンジニアリングチームとより密接につながれ
  る。

セールスチーム

- セールスチームの会議にほかのチームの人を招待してみよう。 セールス
  チームのゴールややり方を理解してもらえる（「アジャイル」との関係の有
  無に関わらず）。

経営幹部

- 直属の部下に、報酬やインセンティブの構造がアジャイルの価値観とあっ
  ていると感じるかどうか聞いてみよう。

プロダクトエンジニアリングチーム

- セールス、マーケティング、顧客サポートチームから人を招いて、プロダクト開発の進ちょくに合わせて顧客インサイトを共有してくれるように頼んでみよう。

アジャイル組織全体

- さまざまなチームの代表者が集まって、現在の仕事だけではなく、うまくいっている**やり方**について共有する機会を設けてみよう。

6.5.1　良い方向に進んでいる兆候

チームや会社のリーダーのふるまいが変わってきた

　組織のシニアリーダーが、率直さ、好奇心、謙虚さ、顧客中心主義の模範となるような行動をするようになったら、組織のいちばん影響の大きい層でアジャイルの原則が息づきつつあることを意味する。リーダーにスプリントのサイクルで働き、デイリースタンドアップに出席し、組織が適用したアジャイルの**プラクティス**に直接参加せよ、と言っているわけではない。組織のアジャイルの旅を導くため、アジャイルの価値と原則にのっとった行いをしなければいけないという意味だ。

　この勢いを維持するには、次のようにしよう。

- 組織のリーダーの評価と昇進基準にアジャイルの価値と原則を組み込む。
- リーダーたちに、自分の学習や変革、適応性と透明性の手本となる経験について語ってもらう機会を設ける。
- 「アジャイルリーダーシップ委員会」を作って、組織のリーダーがアジャイルの価値観を日々の活動にどう取り込んでいるかを議論できるようにする。

アジャイルは誰にでも使える

　IBMのCMOミッチェル・ペルーソが指摘するように、教科書どおりのアジャイルプラクティスがすべてのチームに適用可能なわけではない。それで構わない。重要なのは、すべてのチームが同一のアジャイルプラクティスに従うことではなく、組織の全員がアジャイルの中心となるアイデアにアクセスできるようになっていることだ。根底にあるアジャイルの価値と原則が、専門用語や職能別用語なしに語られ、すべてのチームで「なぜ」が共有されている状態のことだ。それで、個々のチームは、「どうやって」をチームに合うようにカスタマイズできる。

　この勢いを維持するには、次のようにしよう。

- 「アジャイルプラクティスギルド」または非公式の機能横断のグループを作り、それぞれのチームや職能でアジャイルの原則がどのように実現されているかを比較する。
- アジャイルプラクティスやプロセスに対する不満を会話のきっかけとして使い、反抗と捉えないようにする。
- アジャイルの良い経験、悪い経験、醜い経験を同僚から学び、自分の経験も共有する。
- 思考実験として、**まったく違う**仕事をしているチームにアジャイルの原則が導入された様子を想像する。

チームが自身のアジャイルプラクティスを実験している

　うまくいっているアジャイルでは、教科書的なアジャイルから少し、リーンから少し、デザイン思考から少し、組織で使われている良さそうなアイデアから少しといったように成り立っていることが多い。ある時点でこれらのアイデアの集まりが息づき始め、先行チームや組織全体を、アジャイルプラクティスを始めた最初の頃からは想像もつかなかった場所に連れて行ってくれる。処方箋的

なアジャイルのスケーリングフレームワークでも、うまくいった組織では、うまくいったやり方を残し、うまくいかなかったものをやめるというやり方は避けられない。

　この勢いを維持するには、次のようにしよう。

- チームのこれまでの物語を書き出す。どのようなステップをとったか、何がうまくいって、何がうまくいかなかったか。チームがどうやって今の状況を実現したかを理解できるのと同時に、ほかのチームのガイドにもなる。
- ほかのチームや組織から友人を呼んで、「ランチ・アンド・ラーン」をやってみる。チームのアジャイルの旅を語ったり、比較したりする。
- チーム独自のやり方をドキュメントに起こして、ブログで公開する。

6.5.2　悪い方向に進んでいる兆候

アジャイルでやれることもあるが、アジャイルがいちばん重要なわけではない

　特定のプロジェクトやチームが「極めて重要」なのでアジャイルの原則とプラクティスは適用しないということほど、アジャイルの推進を阻害するものはない。みんなに見られながら自分のアイデアに取り組むことに耐えられない上級役員が、顧客中心主義と市場へのすばやい反応を実現するためのアジャイルプラクティスを捨ててしまうのを何度も見てきた。有名なGoogle GlassやAmazon Kindle Fire Phoneの失敗は、顧客中心主義のベストプラクティスを使わずに、役員の指示でプロダクトを作るとどうなるかを如実に示している。Fast CompanyはAmazon Kindle Fire Phoneの失敗の記事（https://bit.ly/2QvhkM1）のなかで、Amazonの従業員の言葉で、なぜ失敗したかを伝えている。「私たちは市場のためでなく、CEO ジェフ・ベゾスのための電話を作っていました」。

　このような状況のときには、次のようにしよう。

- アジャイルのプラクティスを省略せよという要求は拒否すること。アジャイルの導入を決めた人からのリクエストの場合は特にだ。
- 組織重力の第3法則を思い出そう。アジャイルプラクティスを省略するのは、上司が明確に命じたからではない。上司を幸せにしようとして忖度した可能性が高い。
- アジャイルプラクティスを省略しようとしているのが誰なのかがはっきりしているのであれば、本人と率直に会話をしてみよう。何が起こっているかを確認して、どんな対応ができるか考えてみよう。
- 特定のアジャイルプラクティスをプロジェクト用にカスタマイズする必要がある可能性を認めよう。だが、現実を受け入れなければいけない場合でも、可能な限りアジャイルの原則に忠実であろう。

アジャイルの経験のあるチームや個人が、ほかのチームや個人を「正しくない」と非難する

　組織へのアジャイルの適用は一本道ではない。結果として、チームや個人でアジャイルの経験の幅と深さに差が出てしまうのは避けられない。この差が、経験豊富なアジャイル実践者が知識や知恵を同僚に伝える機会につながるのがベストだ。だが、経験豊富な実践者が、自らの成果が経験の足りない同僚によって台無しにされることを恐れる場合もある。アジャイル初心者を震え上がらせてしまうこともある。結果として、アジャイルは一部でしか使えないという認識を強めてしまう。

　このような状況のときには、次のようにしよう。

- アジャイルの価値と原則の北極星を高く見えやすいところに掲げる。ふりかえりやほかの会議のときにいつも参照して、プラクティスや戦術を話し合う。
- 経験豊富なアジャイルコーチの支援を求める。チームを前進させ、「間違っ

ている」と言われたメンバーを元気づける。

● 経験豊富なアジャイル実践者が知識を共有できる機会を設定し、初心者にとってアジャイルが魅力的であることをゴールにする。

アジャイル適用は、一か八だと認識される

　アジャイルを組織全体のメンバーやチームに取り入れる前に、アジャイル導入の失敗を宣言してしまう組織は多い。**5 章**で詳細に議論したように、アジャイルの現実は不確実で非線形だ。あなたの組織が世界の中心ではないのだ。アジャイルを簡単に全員の仕事のやり方を変えられる方法だと期待してアジャイルを検討していたなら、アジャイルが多少成果をあげたとしても、アジャイル導入の失敗は約束されたも同然だ。

　このような状況のときには、次のようにしよう。

● 組織のいろいろな人と会話して、アジャイル導入を始めてから起こった変化を、大小含めてドキュメントに記録してみよう。アジャイルのプラクティスや原則が組織と共鳴するパターンを見つけよう。その勢いを利用する方法を考えよう。

● 組織がアジャイルを適用しようとするいちばんの理由を明確にしよう。ゴールに近づいている小さくても意義のあるシグナルを探そう。

● 我慢強くいよう。

6.6　まとめ：すべてをつなげる

　アジャイルの 3 つの原則は、すべて合わさったとき、明確で強い力となる。変わり続ける顧客ニーズを満たすために一緒になって働くのだ。これが本書の議論の目的だが、言うは易し、行うは難しだ。だが、オープンさと可能性を見出しながらアジャイルに取り組んでいけば、より良い新しい仕事のやり方を見

つけられる可能性は常にある。アジャイルの価値と原則を誰もが使えるようになれば、組織全体で顧客中心主義、コラボレーション、変化へのオープンさというビジョンを共有して、団結できるだろう。

7章

あなたのアジャイル
プレイブック

　本書の冒頭で説明したとおり、**なぜ**アジャイルの価値と原則に目を向けるのか、価値と原則を**どのように**体現するのか、実際の現場での成功が**どのようなものになるか**は最終的にあなた次第だ。本章はあなた自身とチームがこれらの問いに答えるきっかけになるだろう。このページに直接答えを書き込んでもよいし、デジタルでやりたければ、https://bit.ly/AgileforEverybodyPlaybookJapanese[†1]からテンプレートを入手すればよい。

　これらの問いに対する答えは、あなたの役割、チーム、アジャイルの経験次第で大きく変わることに注意してほしい。ここでのゴールは、完璧ですべてを網羅したリスクのない計画を作ることではない。むしろ、問いについて考え始めることがゴールだ。それによって、最後は、目的がはっきりとした意味ある道へとあなたのチームを導いてくれるだろう。自分の思考を明確にするために問いに自分だけでアプローチしてもよいし、チームで共有して反応を促すこともできる。明確に答えを書き出すつもりがなくても、問いを最後まで読んで、自分の答えがアジャイルの旅にどう影響するか考えることを強く推奨する。

7.1　ステップ 1：コンテキストを設定する

　2 章で説明したように、アジャイルの旅を始めるには、まず率直な会話が重要になる。組織の望ましい状態とは何か、今現在それが達成できていないのは何のせいなのかについて会話するのだ。以下の質問に答えていくことで、次のステップで明確にすべき原則と、原則を実践する方法を導くのに役立つだろう。なお、この演習は「組織」レベルではなく、「チーム」レベルを対象にしていることに注意してほしい。**6 章**で説明したように、とてもうまくいっている現実世界のアジャイル導入では、1 チームから始めていることが多い。その後、プル型で組織に広まっているのである。

---

†1　英語版はこちら。 https://bit.ly/AgileforEverybodyPlaybook

私たちのチームの名前は _____ **だ。**
私たちの任務は次のとおりだ。

_____

_____

_____

例：私たちのチームの名前は顧客インサイトチームだ。私たちの任務
は、現在と将来のユーザーに関する調査を自分たちもしくは外部に委
託して実施し、そこから得た実行可能なインサイトをマーケティング、
セールス、プロダクトチームの同僚と共有することだ。

チームが望む将来像は？

_____

_____

_____

例：私たちが組織の他部門とのつながりをもっと感じられるようにな
り、私たちのインサイトが新しいプロダクト、キャンペーン、メッセー
ジに直接影響を与えていることがわかるようになりたい。

チームの現状は？

_____

_____

_____

例：私たちは自分たちの仕事が大好きで、一緒に仕事をしている。
リーダーシップからの支援もあるし、同僚との素晴らしい協力関係も
ある。だが、インサイトのインパクトの追跡と定量化に苦労している。

チームが望む将来像を達成できないと信じこんできた理由は何か？

_____

_____

_____

例：他部門の人が実際に何かを決めるときに、私たちがその場にいることはほとんどない。そのため、私たちのインサイトがこれらの決定にどう影響しているのかを知るのが難しいからだ。

7.2　ステップ2：北極星を作る

　さて、自分のチームのために実行しようとしているざっくりした変更が計画できたところで、次はアジャイルの原則を用意しよう。本書の**3章**から**6章**で説明した原則と同じように、あなたの原則も顧客中心主義、コラボレーション、変化への計画という考え方をチームに響く特別な言葉で捉える必要がある。ここでは、一歩下がって組織レベルに立って、これらの原則がチームや職能に関係なく理解できるような言葉になっていることを確認する。

組織のシニアリーダーは顧客中心主義（Amazonでは「カスタマーオブセッション[†2]」と呼んでコアバリューに設定している）について、どう言っているか。

_____

_____

_____

例：私たちの経営理念には「顧客を優先する」とあり、CMOは最近、顧客インサイトが会社の成長エンジンになると言っている。

組織のシニアリーダーはコラボレーションについて、どう言っているか？

_____

_____

_____

例：シニアリーダーはコラボレーションが組織の価値になることについて多くを語っていない。だが全員が会議で忙しいことに頻繁に不満を口にしている。

組織のシニアリーダーは変化に対してオープンであることについて、どう言っているか？

_____

_____

_____

例：最近CEOは、資金が豊富な競合他社からのプレッシャーに直面して「進化しなければ死んでしまう」と言っていた。

　次に、これらの言葉をアジャイルの原則の北極星に取り込んでいく機会を探そう。これは、本書で説明した原則をチームと組織の具体的なゴールに合うように特殊化する機会だ。そうすることで、これらの原則が組織それぞれのコンテキストに合った形で適用できるようになり、チームや職能を超えてアジャイルをスケールするのに必要な「プル」を作り出すのに役立つ。

　顧客中心主義のためのアジャイルの原則は「顧客から始める」だ。
　チームの顧客中心主義の原則は

_____

_____

_____

例：消費者の役に立つことで、成長を促進する。

**コラボレーションに関するアジャイルの原則は「早期から頻繁にコラ
ボレーションする」だ。**
チームのコラボレーションの原則は

_____

_____

_____

例：私たちは同僚と一丸となって働き、消費者をあらゆる決定の中心
に置く。

**変化にオープンであることに関するアジャイルの原則は「不確実性を
計画する」だ。**
チームが変化にオープンであることの原則は

_____

_____

_____

例：私たちはすばやく学んで進化しながら、消費者に奉仕する。

定義した3つの原則のうち、いちばん喫緊のものは

_____

である。なぜなら

_____

_____

_____

例：コラボレーションだ。私たちが決定を下す人たちから切り離され
ていると、私たちのインサイトが決定を後押しする保証ができないか
らだ。

7.3 ステップ3：最初の一歩へのコミットと 成功の計測

ついに、これらの原則を現実のものにする1つのプラクティスにコミットする ときが来た。多くのことを同時に変更すると、どの変更がどんな効果をもたら したのかを追跡、計測するのが難しくなるため、一歩ずつ進めていく。1つのプ ラクティスでも、複数のアジャイルの原則につながる可能性があることに注意 してほしい。たとえば、スプリントを適用すると、顧客中心主義とコラボレー ションの双方が強化され、新しい情報を取り込むしっかりとしたリズムがもた らされる。

北極星を実践に移すために、私が取りたい最初の戦術的なステップは

_____

_____

例：調査から得られたインサイトを同僚と共有するのに、パワーポイ ントを送るのではなく、タイムボックス化した会議で説明する。

これにより北極星が次のように実践される。

_____

_____

例：組織の他部門の意思決定者との関係を強化し、直接インサイト を共有する。そうすることで本当の意味で顧客の役に立てるようにな る。

3章から6章で扱ったように、このプラクティスが日々の作業に及ぼす可能

性のある実際の変化について考えるのが重要だ。

**このプラクティスが望ましい状態を達成するのに役立っていることが
わかる具体的に観察可能な兆候は**

_____

_____

_____

例：私たちが共有したインサイトを同僚が実際に使うときに、コミュ
ニケーション（メールや対面での質問）が増える。

**このプラクティスが望ましい状態を達成するのに役立っていないこと
がわかる具体的で観察可能な兆候は**

_____

_____

_____

例：タイムボックス化した会議に招待した人たちが参加をやめたり、
注意を払わなくなったりする。

7.4　ステップ4：あとはあなた次第！

　この時点で、**なぜ**仕事のやり方を変えたいのか、チームの**仕事の仕方**を変え
るための具体的な1つのプラクティス、**どんな結果が起こりそうか**を明確にし
ておく必要がある。理論上、これらはチームをより良い働き方へと変えていく
上で必要不可欠な要素だ。だが実際には、これらの変化が実現できるかどうか
はあなた次第だ。どうやって進めていくかは、立場や役割、組織ごとに異なる。
組織変革を促す技術は、とても難しいものの1つだ。それらの技術については、

パトリック・レンシオーニの『ザ・アドバンテージ』[†3]やジョン・P・コッターの『企業変革力』[†4]などの素晴らしい本で長い間取り上げられてきた。だが、プレイブックを現実のものにするとき、注意しておいてほしいことがいくつかある。

明確で説得力のあるビジョンを伝える

アジャイルの旅がどこに導いてくれるのかを共有できていれば、同僚にも魅力的に映るはずだ。同僚と協力して、チームの将来像を示す説得力のある絵を描き、それを参考にしながら、原則とプラクティスの成功を考え、計測しよう。

原則だけでなくアプローチでも一緒に進める

アジャイルをあなただけのものにしてはいけない。コンテキストの設定から北極星の発見、最初のステップの決定から成功の計測までプロセス全体にみんなを巻き込もう。自分が抵抗や不確実性に面していることに気づいたら、組織の将来のビジョンに戻って、**同僚に**日々の仕事をどのように変えたいか質問しよう。

ふりかえって洗練する時間を設定する

新しいプラクティスを実際にやる前に、時間の「安全弁」を用意し、必要に応じてふりかえったり洗練したり調整したりしよう。新しい働き方は難しく、予想外の結果をもたらすこともある。そんなとき、フィードバックや調整の機会があることを知っていれば、コミットしやすくなるのが普通だ。アジャイルプラクティスの実践に向けた最初の一歩を踏み出した数週間後に、非公式なふりかえりを設定しよう。そうすれば、同僚も自分たちが参加して貢献できる機会があるのを知ることができる。

[†3]　訳注：Patrick M. Lencioni: The Advantage: Why Organizational Health Trumps Everything Else In Business、邦訳『ザ・アドバンテージ：なぜあの会社はブレないのか？』矢沢聖子（訳）、翔泳社

[†4]　訳注：John P. Kotter: Leading Change、邦訳『企業変革力』梅津祐良（訳）、日経BP

透明で勇敢であれ

　　最後に、なぜ、何をしたいのかを包み隠さず明らかにしよう。アジャイルの根底にある原則は、顧客や同僚に対してよりオープンで、コミュニケーションを重視し、寛大になることを求めている。あなたのチームや組織へのアジャイルの導入は、最初のステップがどれだけ小さかろうと、こういった透明性を恐れることなくモデル化する機会なのだ。これは特に、透明性が低い場合に当てはまる。

　あなたのプレイブックを作り、アジャイルの原則を心に刻もう。そうすれば、アジャイルプラクティスを何も導入していなくても、同僚に対してインパクトを与えられることに驚くはずだ。ときには、今の働き方が望んだ働き方と違うということを認めるだけで、みんなを考えさせて違うふるまいをさせるには十分なこともある。

7.5　最初の一歩を踏み出そう！

　本章に含まれる質問は、行動の妨害ではなく、行動の誘発を意図している。答えるのが特に難しい質問があったら、それは諦めろというサインではない。チームメイトと話して、チームメイトの考えや視点を理解すべきだというサインだ。アジャイルにおけるコラボレーションの価値が、私たちはひとりではないこと、行き詰まったら同僚が助けてくれることを思い出させてくれる。そして、不確実性を計画するというアジャイルの原則は、本当は決して行き詰まっているわけではないことを思い出させてくれる。軌道修正する機会は常にある。どこから始めたとしても、最終的には道を見つけられる。必要なのは、最初の一歩を踏み出すことだけだ。

7.6　終わりに：アジャイルムーブメントの心の再発見

　アジャイルムーブメントは最近17歳の誕生日を迎えた。そして、大人になろうとするほとんどのティーンエージャーのように、世界中で大きな経験をしている。

　世界最大のアジャイル調査であるVersionOneの「State of Agile Report」の2018年版（https://bit.ly/2yfGQNT）では、3つの大きな点、すなわち「組織文化が重要」、「アジャイルがエンタープライズのなかで拡大している」、「顧客満足度がいちばん重要」という点について強調していた。顧客満足という共有ビジョンを核として、多様なチームや職能が結び付くという文化変革のムーブメントとしてのアジャイルのアイデアは目新しいものではない。事実これは、なぜ、そしてどうやってアジャイルムーブメントが生まれたのかという核心部分である。

　ではなぜ文化、コラボレーション、顧客中心主義に関する問題が、2018年の最前線に戻ってきたのだろうか？ それは、アジャイルプラクティスとフレームワークの導入に表面上は成功した多くの組織が、これらの重大な問題を理解するのに苦労しているからだ。組織において、ある期間のうちに一定数のチームがアジャイル手法のルールや儀式に従うようにすると宣言してしまうと、それらは義務になってしまいかねない。だが、これらのアジャイルプラクティスが、根底にあるアジャイルの価値と原則に一致していない場合、緊張が生じてしまう。その緊張は、自分たちの文化、自分たちのリーダー、顧客へ奉仕する方法についての難しい問いを浮き彫りにする。

　ここにアジャイルの見かけによらず強力な点がある。アジャイルプラクティスが速度と成功の銀の弾丸ではないことを組織が徐々に気づくようになっても、そのプラクティスに紐付いた価値と原則は、別のより深い変化の可能性を拓いてくれるのだ。個人やチームが価値と原則を学べば学ぶほど、自分たちの仕事

の共通の目的を見つけられるようになるのだ。これは、アジャイルソフトウェア
開発宣言の署名者たちが、それぞれのアプローチや手法から共通の目的を見つ
けられたのと同じである。

　アジャイルの未来について1つ望むのは、価値を実現するための戦術を徹底
的に議論するのではなく、共通の価値と原則を積み重ねることだ。非常に多く
の企業がアジャイルプラクティスの採用に興味を示しているという事実は、ア
ジャイルの価値と原則を日々の仕事に適用する素晴らしい機会を与えてくれた。
だが、フレームワークの罠を避けて、本当の意味で組織を変革したいなら、ア
ジャイルはプロセスや効率よりも、人と文化に関することであると常に主張し
なければいけない。

　価値と原則から始めることで、ソフトウェアエンジニアや特定のフレーム
ワークのトレーニングを受けた人だけでなく、本当にすべての人がアジャイル
にアプローチできる道を示せるのだ。そうすることで、アジャイルプラクティ
スを実践している人はみんな、自分自身の視点や専門知識を持ち込めるように
なる。自分たちの働き方にオーナーシップを感じられるようになり、優先順位、
チーム、顧客の変化に応じて軌道修正できるようになる。簡単な答えはない。
だが、**今から**一緒に始められる有意義な仕事がたくさんあるのだ。

付録A
本書にご協力いただいた みなさん

アラン・バンス：http://www.flagghillmarketing.com/

レイチェル・コリンソン：http://www.donorwhisperer.co.uk/

クレイグ・ダニエル：https://twitter.com/craigdaniel

ジャロッド・ディケール：https://twitter.com/jarroddicker

アンナ・フレッチャー・モーリス：https://twitter.com/annaraefm

アンドレア・フライリアー：https://www.agilesherpas.com/

レーン・ゴールドストーン：http://www.lanegoldstone.com/

アビシェーク・グプタ

マユー・グプタ：http://www.inspiremartech.com/

アンナ・ハリソン：http://www.annaharrison.com/

ビル・ヒギンズ：https://twitter.com/BillHiggins

チャーリー・ヒル

ジェフ・カース：http://www.kaastailored.com/

ジェニファー・カッツ：https://www.linkedin.com/in/jennifer-katz-86014b5

キャサリン・クーン：https://medium.com/@Kathryn_E_Kuhn

ジョディー・レオ：https://www.linkedin.com/in/jodi-leo-7a21777/

サラ・ミルスタイン：http://www.sarahmilstein.com

エマ・オバニエ：http://mindful.team

ミッチェル・ペルーソ：https://twitter.com/michelleapeluso

ミーガン・スミス：https://shift7.com/

トーマス・スタブス：https://twitter.com/tpstubbs

ケリー・ワトキンス：https://twitter.com/_kcwatkins

付録B
参考情報

　以下では、アジャイルのプラクティスと原則について私自身の仕事で役立ったリソースを紹介しよう。アジャイルについてもっと知りたいと思っている人は、原則的にできる限りすべてを読むことを勧める。あなたの現在の理解に反するように見えるものもあるかもしれないが、それも含めて読むようにしよう。アジャイルに関する本や記事は、競合する複数の「正しい」アプローチではなく、アジャイルムーブメント自体に貢献したいと願う実践者たちが共有してくれたテスト済みの考えだとみなすのがよいだろう。このような考え方でアジャイルに関するあらゆる文章にアプローチすることで、防御的になったりけなしたりすることなく、私たちがより良い実践者やリーダーになるのに役立つ新しいアイデアやアプローチを発見できるようになるはずだ。

12 Principles of Agile Software
日本語版：アジャイルソフトウェアの 12 の原則（http://agilemanifesto.org/iso/ja/principles.html）

　アジャイルソフトウェア開発宣言で形となった 4 つの上位の価値観のほかに、スノーバードに集まった 17 人のソフトウェア開発者たちは、アジャイルソフトウェア開発者を導く 12 の原則も整理した。これらは、顧客中心主

義と変化への対応という全体のテーマの続きとなるもので、アジャイルムーブメントの価値と原則をさらに理解したい人たちにとって、もう1つの素晴らしいリソースである。

The Scrum Field Guide: Agile Advice for Your First Year and Beyond / Mitch Lacey (Addison-Wesley Professional)
邦訳『スクラム現場ガイド：スクラムを始めてみたけどうまくいかない時に読む本』安井力、近藤寛喜、原田騎郎（訳）、マイナビ出版

本書は、最初にアジャイルのプラクティスとフレームワークを調査したときに特に役立った。スクラムやアジャイルのプラクティスをチームに持ち込むときに直面する可能性のある現実世界の課題をうまく説明している。

Bad Science / Ben Goldacre (4th Estate)
邦訳『デタラメ健康科学：代替療法・製薬産業・メディアのウソ』梶山あゆみ（訳）、河出書房新社

本書はまったくアジャイルの本ではない。インチキ療法とそれを可能にする無責任なジャーナリズムに関する本だ。だが、この本にはアジャイルの世界を見て回る上でとても役立つ概念が語られている。それは「常識の独占化」だ。著者はこの概念を次のように説明している。

> コップ一杯の水を飲むのも息抜きに体を動かすのもごく常識的な行動である。ところが、そこに科学モドキのデタラメをつけ足すともっと専門的であるかのような印象を与えることができ、やらせる人間を賢く見せる。確かに立派なことをしていると思わせれば、心理的な効果は高まるだろう。だがいちばんの狙いはそんなことではなく、金もうけがからむ話ではないかと勘ぐりたくなる。何かといえば、常識を著作権で保護し、専売特許にして所有することだ。

何らかのアジャイルのプラクティスや手法が複雑すぎたり所有権を感じたりするときは、「常識の独占化」について考えるのが役立つだろう。アジャイ

ルの根底にある価値観とそれらのいちばん基本的な実装は、多くの点で常識だ。何らかの手法の効果がその常識によって減ることもなければ、関連性が低くなるわけでもない。複雑でほかとは違って見えるように不透明で独自の専門用語で飾るべき、というわけでもない。

Good to Great / Jim Collins (Harper-Collins)
邦訳『ビジョナリー・カンパニー2：飛躍の法則』山岡洋一（訳）、日経BP

この本もアジャイルに関する本ではないが、ビジネスを市場全体と比べてより優れたものにするためのリーダーシップについての説明が素晴らしい。ビジネスが成功している状況の多くで、アジャイルの根底にある価値観がどのように現れるのかを示す良い例となっている。著者のウェブサイトでは本書に含まれる研究の概要（https://bit.ly/2OhScM0）を提供してくれている。

Head First Agile / Jennifer Greene and Andrew Stellman (O'Reilly)

この本では、スクラム、エクストリームプログラミング、カンバンなど、アジャイルのプラクティスとフレームワークに関するたくさんの実用的な情報を視覚的かつ魅力的な形式で提供してくれている。特定のアジャイルフレームワークや手法を詳しく知りたい場合や、PMI-ACPのAgile Certified Practitionerの認定試験に合格したいなら、本書から始めるとよいだろう。

The Human Side of Agile - How to Help Your Team Deliver / Gil Broza (3P Vantage Media)

この本では、アジャイル実践者やリーダーが成功するのに必要な資質やふるまいをうまく説明している。彼のアプローチでは、チームと個人が「魔法の弾丸」思考に陥ることなく、アジャイルの価値と原則を本当の意味で受け入れることにつながる個人的なコミットメントを理解することを奨励している。

The Age of Agile: How Smart Companies Are Transforming the Way Work Gets Done / Stephen Denning

この本では、あらゆるビジネスのリーダーにとって意味のある言葉でアジャイルの魅力を説明している。私がいちばん気に入っているのは、「株主価値の罠」という、組織が従業員と顧客のそれぞれの最大の関心事を踏まえて行動する際によく見られる障害に言及している章だ。

The Four / Scott Galloway (Portfolio/Penguin)
邦訳『the four GAFA：四騎士が創り変えた世界』渡会圭子（訳）、東洋経済新報社

この本は、今日最大のテクノロジー企業を模倣することで企業は革新的になり成功できるという、あちこちで信じられている考えに対する反論を述べたものである。創業者がどれだけ革新的であろうと、普段どおりのことを完璧にやるだけでは世界最大の企業の１つになることはないという主張だ。

Scrum: The Art of Doing Twice the Work in Half the Time / Jeff and J.J. Sutherland (Crown Business)
邦訳『スクラム：仕事が４倍速くなる"世界標準"のチーム戦術』石垣賀子（訳）、早川書房

本のタイトルは誤解を招きやすいと思うが、スクラムの考えや幅広い適用が可能であることをスクラムの作者自身の言葉で読めるのは感動モノだ。それぞれのプラクティスがどのようにして一体となって、思慮深い働き方となるのか、その理由は本書を読めばわかるだろう。

訳者あとがき

　本書は、Matt LeMay 著『Agile for Everybody: Creating Fast, Flexible, and Customer-First Organizations』(ISBN：978-1492033516) の全訳である。翻訳は株式会社アトラクタのアジャイルコーチ 4 人で行った。原著の誤記・誤植などについては著者に確認して一部修正している。

　市場の急激な変化やデジタルトランスフォーメーションへの関心などを受けて、アジャイル開発に取り組む企業や組織がどんどん増えている。実際の取り組みをインターネットメディアで見かける頻度も 5 年前、10 年前と比べて増えた。だが、その内容を見てみると、「開発工程」の効率化や高速化を目指しているケースが意外と多いのが実情だ。組織がビジネス上の成果を上げるために必要なことは、開発工程以外にもたくさんある。むしろ開発工程自体はビジネスの中ではごく一部の活動にすぎない。単にアジャイル開発の導入によって開発を高速化しても（実はアジャイル開発は速くない）、バリューチェーン全体の最適化にはつながらない。組織全体を見る必要があるのだ。

　本書でマットは、ビジネスに課題のある組織でよく見かける組織重力の 3 つの法則（問題）について説明している。これらはいずれも顧客に対する価値提供を阻害し、ビジネスの成果に対して悪影響を及ぼす。

- 第1法則：組織に属する個人は、日々の責任やインセンティブと整合性がなければ、顧客と向き合う仕事を避ける。
- 第2法則：組織における個人は、自分のチームやサイロの心地よさのなかでいちばん簡単に完了できる作業を優先する。
- 第3法則：進行中のプロジェクトは、それを承認したいちばん上の人が止めない限り、止まることはない。

アジャイルの価値と原則を踏まえて、これらの問題にどのように組織的に対処していくか、というのが本書のテーマだ。難しいテーマではあるが、組織のさまざまな人を巻き込みながら、実験を繰り返して改善していってほしい。

謝辞

刊行に際しては、多くの人に多大なるご協力をいただいた。

阿部信介さん、岩村琢さん、及部敬雄さん、梶原成親さん、kyon_mm さん、高橋一貴さん、竹林崇さん、中村洋さん、松元健さん、矢島卓さん、横道稔さんには翻訳レビューにご協力いただいた。みなさんのおかげで読みやすいものになったと思う。

オライリー・ジャパンの高恵子さんには企画段階から発売まで数多くのアドバイスや励ましをいただいた。

訳者を代表して

2020 年 3 月　吉羽 龍太郎

索引

●著者紹介

Matt LeMay（マット・ルメイ）
Sudden Compassの共同設立者兼パートナー。Sudden CompassではSpotify、Clorox、P&Gといった組織が顧客中心主義を実践する支援をしている。テクノロジーコミュニケーターとして、デジタルトランスフォーメーションとデータ戦略のワークショップを開発し、GE、アメリカン・エクスプレス、ファイザー、マッキャン、ジョンソン&ジョンソンといった会社に提供している。
『Product Management in Practice: A Real-World Guide to the Key Connective Role of the 21st Century』（O'Reilly Media）の著者でもある。アーリーステージのスタートアップからフォーチュン 500 の大企業まで、さまざまな企業でプロダクトマネジメントプラクティスの策定とスケールアップを支援してきた。2015 年と 2016 年の Product Management Year in Reviewにおいて、トップ 50 のインフルエンサーに選ばれている。
以前は、グーグルに買収された音楽スタートアップのSongzaでシニアプロダクトマネージャー、Bitlyの一般向けプロダクト部門のトップとして働いていた。マットはミュージシャン、レコーディング・エンジニアでもあり、シンガーソングライターのエリオット・スミスに関する本の著者でもある。ニューメキシコ州サンタフェで妻のジョアンと亀のシェルドンとともに暮らしている。

●訳者紹介

吉羽 龍太郎（よしばり りゅうたろう）
株式会社アトラクタ Founder兼CTO / アジャイルコーチ。アジャイル開発、DevOps、クラウドコンピューティングを中心としたコンサルティングやトレーニングに従事。野村総合研究所、Amazon Web Servicesなどを経て現職。認定チームコーチ（CTC）/ 認定スクラムプロフェッショナル（CSP）/ 認定スクラムマスター（CSM）/ 認定スクラムプロダクトオーナー（CSPO）。Microsoft MVP for Azure。青山学院大学非常勤講師（2017 〜）。著書に『SCRUM BOOT CAMP THE BOOK』（翔泳社）、『業務システム クラウド移行の定石』（日経BP社）など、訳書に『レガシーコードからの脱却』、『カンバン仕事術』（オライリー・ジャパン）、『ジョイ・インク』（翔泳社）など多数。
Twitter：@ryuzee　ブログ：https://www.ryuzee.com/

永瀬 美穂（ながせ みほ）
株式会社アトラクタ Founder兼CBO / アジャイルコーチ。受託開発の現場でソフトウェアエンジニア、所属組織のマネージャーとしてアジャイルを導入し実践。アジャイル開発の導入支援、教育研修、コーチングをしながら、大学教育とコミュニティ活動にも力を入れている。産業技術大学院大学特任准教授、東京工業大学、筑波大学非常勤講師。一般社団法人スクラムギャザリング東京実行委員会

理事。著書に『SCRUM BOOT CAMP THE BOOK』(翔泳社)、訳書に『レガシーコードからの脱却』(オライリー・ジャパン)、『アジャイルコーチング』(オーム社)、『ジョイ・インク』(翔泳社)。

Twitter：@miholovesq　ブログ：https://miholovesq.hatenablog.com/

原田 騎郎 (はらだ きろう)
株式会社アトラクタ Founder 兼 CEO / アジャイルコーチ。アジャイルコーチ、ドメインモデラー、サプライチェーンコンサルタント。Scrum@Scale Trainer / 認定スクラムプロフェッショナル (CSP)。 外資系消費財メーカーの研究開発を経て、2004 年よりスクラムによる開発を実践。ソフトウェアのユーザーの業務、ソフトウェア開発・運用の業務の両方をより楽に安全にする改善に取り組んでいる。共著書に『A Scrum Book』(The Pragmatic Bookshelf)、訳書に『レガシーコードからの脱却』、『カンバン仕事術』(オライリー・ジャパン)、『ジョイ・インク』(翔泳社)、『スクラム現場ガイド』(マイナビ出版)、『Software in 30 Days』(KADOKAWA/ アスキー・メディアワークス)。

Twitter：@haradakiro

有野 雅士 (ありの まさし)
株式会社アトラクタ アジャイルコーチ。アジャイル開発、DevOps、クラウドコンピューティングのコンサルティングやコーチを行っている。認定スクラムプロフェッショナル (CSP) / 認定スクラムマスター (CSM) / 認定スクラムプロダクトオーナー(CSPO)。一般社団法人スクラムギャザリング東京実行委員会理事(2016～)。訳書に『レガシーコードからの脱却』(オライリー・ジャパン)。

Twitter：@inda_re

●まえがき執筆者紹介

及川 卓也 (おいかわ たくや)
早稲田大学理工学部卒業後、日本 DEC に就職。営業サポートの後、ソフトウェア技術者として開発に携わる。1997 年からはマイクロソフトで Windows の国際版の開発をリードし、2006 年以降は Google にて、ウェブ検索など各サービスのプロダクトマネジメントや Chrome のエンジニアリングマネジメントを行う。その後 Qiita の運営元である Increments を経て、2017 年に独立。2019 年に Tably 株式会社を設立。企業へプロダクト戦略、技術戦略、組織づくりの支援を行う。

みんなでアジャイル
変化に対応できる顧客中心組織のつくりかた

2020年 3 月17日 　 初版第 1 刷発行

著　　　　者	Matt LeMay（マット・ルメイ）	
訳　　　　者	吉羽 龍太郎（よしば りゅうたろう）、永瀬 美穂（ながせ みほ）、原田 騎郎（はらだ きろう）、有野 雅士（ありの まさし）	
まえがき	及川 卓也（おいかわ たくや）	
発　行　人	ティム・オライリー	
制　　　作	株式会社トップスタジオ	
印刷・製本	株式会社平河工業社	
発　行　所	株式会社オライリー・ジャパン	
	〒160-0002　東京都新宿区四谷坂町12番22号	
	Tel　(03)3356-5227	
	Fax　(03)3356-5263	
	電子メール　japan@oreilly.co.jp	
発　売　元	株式会社オーム社	
	〒101-8460　東京都千代田区神田錦町 3-1	
	Tel　(03)3233-0641（代表）	
	Fax　(03)3233-3440	

Printed in Japan（ISBN978-4-87311-909-0）
乱丁本、落丁本はお取り替え致します。